Die Vorkalkulation im
Kessel- und Apparatebau

Von

Albert Turek und **Gustav Ulbricht**
Dipl.-Ing. Kalkulator

Mit 22 Abbildungen im Text
und 3 Tafeln

Berlin
Verlag von Julius Springer
1931

ISBN-13: 978-3-642-89473-2 e-ISBN-13: 978-3-642-91329-7
DOI: 10.1007/978-3-642-91329-7

Vorwort.

Die vorliegende Schrift entstammt der Praxis und ist für die Praxis gedacht. Mit ihrer Hilfe soll man — ein bestimmtes Maß von Werkstatterfahrung vorausgesetzt — werkstattreif kalkulieren können; dem Konstrukteur soll das Buch die Mittel an die Hand geben, unter den möglichen Ausführungsformen die jeweils wirtschaftlichste auszuwählen, und dem Offertingenieur soll es bei Abgabe von Angeboten Dienste leisten.

Die Fertigung im Kessel- und Apparatebau zeigt bei kalkulatorischer Behandlung viele Sonderheiten, die hauptsächlich in der Schwierigkeit der exakten Erfassung von Handarbeitszeiten begründet liegen; und an Handarbeiten ist der Kessel- und Apparatebau trotz immer weitergehender Mechanisierung der Werkstätten reich. Wohl liegt auf dem Gebiete exakter Erforschung von Handarbeitszeiten schon viel wertvolles Material vor[1], doch ist noch ein weiter Weg zu beschreiten, bis es gelingt, vollständige Akkorde synthetisch aus kleinsten, in immer wechselnder Folge wiederkehrenden Grundelementen aufzubauen. Praktisch sind diesem Verfahren Schranken gesetzt durch die Schwierigkeit der Vorausbestimmung und späteren Einhaltung der jeweiligen Arbeitsbedingungen, und nicht zuletzt durch seine eigene Wirtschaftlichkeit: die bei so eingehender Analyse und folgender Synthese errechneten Ersparnisse müssen in einem günstigen Verhältnis zu dem Kostenaufwand des Ermittlungsverfahrens selbst stehen, d. h. die exakte Untersuchung wird um so wirtschaftlicher, je größer die Zahl der Arbeitsausführungen ist (Reihen- und Massenfertigung), oder sie wird überhaupt erst von einer bestimmten Stückzahl ab wirtschaftlich.

Es lag jedoch weniger im Plan der Verfasser, bis zum Griffelement herabgehende Analysen anzuwenden und danach den Aufbau von Akkorden zu lehren. Das System der Akkordfest-

[1] Vgl. Literaturnachweis S. 123.

stellung konnte vor allem der Art des Kesselschmiedenbetriebes mit vorwiegender Einzel- und Reihenfertigung Rechnung tragen und sollte dem geplanten Zweck entsprechend der Forderung der Kalkulationspraxis nach Übersichtlichkeit Genüge tun. Der im drängenden Tempo des Werkstattbetriebes und Angebotswesens stehende Kalkulator und Ingenieur wird auch subtiler zusammengesetzte Akkordzeiten der Handlichkeit wegen immer in Tabellenform zu bringen trachten, und so wurden zumeist unter Verzicht auf die Wiedergabe von Einzelbeobachtungen unmittelbar ablesbare Zeittabellen aufgestellt.

Über seine reine Zweckbestimmung hinaus konnte das Buch an den Lebensfragen der Wirtschaft nicht vorbeigehen. Es war nicht möglich, die für die Gestaltung der Selbstkosten so wesentlichen Lohnkosten losgelöst von allen wirtschaftlichen und menschlichen Beziehungen zu betrachten. Die Verfahren der Selbstkostenermittlung wurden soweit als nötig gestreift. Auf die Schaffensbedingungen des Menschen als des Trägers der Arbeitsleistung war im Sinne der ungefährdeten Erreichung eines Optimums an Arbeitsleistung und Arbeitsfreude Bedacht zu nehmen. Das Studium der Arbeitsbedingungen und ihrer Rückwirkung auf den Menschen hat mit der Entwicklung der Maschinen und Fabrikationsverfahren nicht Schritt gehalten. Erst in neuerer Zeit wendet man dem Menschen mehr Beachtung zu. Gerade die Kalkulation ist von einschneidender Bedeutung für die Schaffensbedingungen des Arbeiters, und seine Einstellung zur Arbeit hinwieder beeinflußt unbeachtet der Höhe der Akkorde die Gesamtkostenhöhe. Es ist die vornehmste Pflicht des Kalkulators, hier den rechten Weg zwischen der Forderung der Wirtschaft nach Höchstleistung und der Arbeitsfähigkeit des Einzelnen zu gehen.

Der Sinn planvoller Wirtschaft ist letzten Endes das Streben nach günstigem Wirkungsgrad: mit dem geringsten Aufwand den höchsten Erfolg zu erzielen. Hierbei steht der Kalkulator an wichtiger Stelle, bewirtschaftet er doch die Werte, die unter den Begriff Arbeitsleistung fallen und in der Kostenrechnung einen wesentlichen Faktor bilden. Einer einwandfrei funktionierenden Vorkalkulation wird daher mit vollem Recht in immer steigendem Maße Beachtung geschenkt.

Sehr vieles in der Kesselschmiedekalkulation läßt sich nicht aus Büchern erlernen; nur eigene praktische Arbeit oder dauernde planvolle Beobachtung geben den Blick für den Aufbau einer richtigen Kalkulation, die der praktischen Erprobung standhält. Das vorliegende Buch erhebt keinen Anspruch auf erschöpfende Behandlung des so umfangreichen und vielseitigen Stoffes; wenn es aber zur Lösung der täglich neuen Probleme des Fabrikbetriebes beitragen kann, hat es seinen Zweck erfüllt.

Den Firmen, die durch Überlassung von Bildmaterial das Werk gefördert haben, sprechen die Verfasser ihren Dank aus. Ganz besonderer Dank gebührt der Verlagsbuchhandlung Julius Springer für die entgegenkommende und vorbildliche Erfüllung aller drucktechnischen Wünsche.

Schweidnitz, im Oktober 1930.

A. Turek. G. Ulbricht.

Inhaltsverzeichnis.

I. Grundsätzliches über Angebots- und Werkstatt-Vorkalkulation.

Im neuzeitlichen Fabrikbetrieb fällt der Vorkalkulation die wichtige Aufgabe zu, die Kostenbestimmung der Erzeugnisse in sichere Bahnen zu lenken und den zur Herstellung erforderlichen Aufwand vor Übernahme und Ausführung der Aufträge festzulegen.

Soll der Verkaufspreis der Erzeugnisse den Gesamtaufwand eines Werkes decken, so müssen nicht nur die auf dem Einzelerzeugnis selbst lastenden Kosten (Material, Arbeitslöhne und besondere Einzelkosten), sondern auch die anteiligen Gemeinkosten aus Materialverwaltung, Fertigung und Vertrieb im Verkaufspreis eingeschlossen sein. Die Summe der Gemeinkosten eines Produktionsabschnittes wird durch Buchhaltung und Nachrechnung festgestellt, was bei entsprechend ausgebauter Organisation und etwa gleichbleibendem Beschäftigungsgrad keine wesentlichen Schwierigkeiten bietet. Verwickelter hingegen ist die Festlegung der Gemeinkosten*anteile*, die von den Einzelprodukten getragen werden müssen. Selbst bei einem so verfeinerten System, wie es in der Schrift „Selbstkostennachrechnung und Buchhaltung in Maschinenfabriken" (VDMA) gelehrt wird, sind verschiedene Bewertungen der Zuschläge zu den Fertigungslöhnen möglich, wie später besprochen werden soll.

Die Angebotskalkulation befaßt sich mit der Feststellung der Selbstkosten des zu verkaufenden Fabrikats, die Werkstattvorkalkulation bearbeitet nach Eingang des Auftrags ein einzelnes Glied aus der Summe aller der Kosten, welche sich zu den Selbstkosten zusammensetzen: den Arbeitsaufwand. Der Angebotskalkulator kann sich nicht in Einzelheiten verlieren, der Werkstattkalkulator hingegen soll und muß es.

Die Abgabe von Angeboten bietet keinerlei Schwierigkeiten, wenn aus der Nachrechnung die Preise gleicher oder fast gleicher

Ausführungen vorliegen. In Werken mit Reihen- und Serienfertigung typisierter Fabrikate ist es möglich, die Preise katalogmäßig festzulegen. Anders bei Einzel- und Reihenfertigung, wie sie im Kessel- und Apparatebau vorherrscht. Hier lassen sich nach dem Vorentwurf nur die Materialkosten genau bestimmen. Bei Feststellung des erforderlichen Arbeitsaufwandes treten schon Schwierigkeiten auf. Eine genaue Vorausrechnung in Form einer Werkstattvorkalkulation vorzunehmen, wird öfters nicht nur wegen der Unvollständigkeit von Entwurfszeichnungen unmöglich sein, sondern sich auch aus Gründen der Wirtschaftlichkeit verbieten, denn durchaus nicht jedes Angebot führt zum Auftrag, und die umfangreiche Kalkulationsarbeit würde einen Apparat bedingen, dessen Leistungen zum Teil Leerlaufarbeiten sein und die Unkosten vergrößern würden. Für den Angebotskalkulator entsteht daher die Aufgabe, seine Berechnungsweisen unter Ausschaltung umständlicher Methoden mit allen zu Gebote stehenden Mitteln zweckmäßig durchzubilden. Seine Verantwortung ist groß. Sind die Preise zu hoch gegriffen, so geht der Auftrag verloren; sind sie zu niedrig eingesetzt, so werden im Falle des Auftragseingangs Verluste zu erwarten sein und trotz vieler Aufträge und angestrengter Arbeit kann das Unternehmen nicht zur Rentabilität gelangen.

Die bindend abgegebenen Preise dürfen bei der Werkstattausführung nicht überschritten werden. Schon der Konstrukteur hat bei der Wahl der Konstruktionsmittel Sorge zu tragen, daß Gewicht und Wert des im Entwurf vorgesehenen Materials eingehalten werden. Auch auf die Kosten der Arbeitsausführung hat der Konstrukteur Einfluß: die Kenntnis des Zeitbedarfs verschiedener Ausführungsmöglichkeiten wird ihn befähigen, unter den geeigneten Konstruktionen seine Wahl so zu treffen, daß der geringste Kostenaufwand verursacht wird. Dieser Kostenaufwand wird nun nicht allein durch den Zeitbedarf der Arbeit ausgedrückt. Die Arbeitszeit in der Fertigung besitzt gewissermaßen zwei Dimensionen: Dauer und Gewicht. Sie ist um so gewichtiger, je kostspieliger die Einrichtungen sind, deren Hilfe zur Arbeit herangezogen wird. So ist es durchaus möglich, daß die Kosten der einen einfacheren, aber langwierigeren Arbeitsart den Kosten schnellerer aber mit höheren Unkosten belasteter Maschinenarbeit das Gleichgewicht halten. Der Konstrukteur darf sich bei Abschätzung der Arbeiten nicht auf den Vergleich des Zeitbedarfs allein beschränken; im Zweifelsfall muß er eine kleine Selbstkostenrechnung ausführen, welche die Arbeitsarten mit den zugehörigen Gemeinkostensätzen belastet, und nach deren Ausfall seine Konstruktionsmittel wählen.

Die fertiggestellten Werkzeichnungen und Stücklisten werden der Werkstattvorkalkulation vorgelegt. Während der Konstrukteur — vom Kostenstandpunkt gesprochen — auf die zweckmäßigste Materialverwendung und Verteilung Bedacht genommen hat, obliegt dem Kalkulator die verbindliche Bemessung des zur Herstellung der Erzeugnisse erforderlichen Arbeitsaufwandes.

In eingehender gedanklicher Verfolgung der späteren Werkstattausführung legt er unter Anwendung seiner gesammelten Erfahrungen die Fertigungsgeschichte des Fabrikats und seiner Einzelteile schriftlich fest und bestimmt den Zeitbedarf jedes einzelnen Arbeitsganges.

Die fertige Kalkulation soll vor Weitergabe an die Werkstatt mit dem Angebot verglichen werden. Überschreiten die Kosten den vorgesehenen Aufwand, so ist jetzt noch die letzte Möglichkeit gegeben, durch Vereinfachungen Verbilligung zu erzielen.

Wenn sich die Kalkulation darauf beschränkt, Erfahrungswerte vorzugeben, die ihr aus der Nachrechnung früherer Ausführungen zur Verfügung stehen, so hat sie in die Kostenbestimmung zwar eine gewisse Sicherheit gebracht, ihre Möglichkeiten jedoch bei weitem nicht ausgeschöpft. Sie erreicht erst dann ihre volle Bedeutung, wenn sie im Einvernehmen mit der Betriebsleitung unter Anwendung von Zeitstudien und Untersuchungen für jede Arbeit die günstigste Erledigungsmöglichkeit aufsucht, durch Verfeinerung ihrer Methoden die jeweiligen Arbeitsbedingungen berücksichtigt und so auf die Kostenhöhe Einfluß nimmt. Durch immer genauere Erfassung des Zeitbedarfs der Einzelarbeiten wird es möglich, Mängel der bisherigen Arbeitsweise aufzudecken und sie zu berichtigen.

Eine so geleitete Vorkalkulation bietet erst den Schlüssel zu rationeller Fertigung.

II. Die Kalkulation der Werkstattzeiten.

1. Lohn- und Akkordarbeit.

Der vom Kalkulator für die Herstellung des Fabrikats errechnete Zeitaufwand darf bei der Werkstattausführung — einen normalen Ablauf der Fabrikation vorausgesetzt — nicht überschritten werden. Die Sicherung dieses Zustandes ist nur bei einem Lohnsystem möglich, welches Leistung und Entlöhnung in eine vertragliche Bindung bringt.

Die Lohnarbeit mit ihrem unabhängig von der Leistung garantierten Stundenlohn kann diese Forderung nicht erfüllen. Zu sehr ist hier das in der Zeiteinheit geschaffene Arbeitsquantum vom Verantwortungsgefühl des Einzelnen abhängig. Gleichwohl wird die Lohnarbeit in manchen Fällen nicht zu umgehen sein, so z. B. bei schwierigen Instandsetzungsarbeiten, bei Hilfsarbeiten, bei Sondertransporten. Es wird gleichwohl auch die rechnerische Durchdringung solcher Arbeiten anzustreben sein. Schließt die Art der Arbeit eine einwandfreie Gliederung und Erfassung vollkommen aus, so werden erfahrene Praktiker doch in vielen Fällen fast zutreffende Schätzungen der voraussichtlichen Arbeitsdauer abgeben können, so daß insbesondere für Angebotszwecke ein Anhalt zu gewinnen sein wird.

Erst das Akkordsystem gewährleistet den zwangläufigen Zusammenhang zwischen Lohn und Leistung, wie er für eine verbindlich sein sollende Vorausrechnung zu fordern ist. Der Akkord ist seinem Sinne nach nichts anderes als ein Vertrag zwischen Arbeitgeber und Arbeitnehmer, durch welchen der Arbeitgeber sich verpflichtet, für eine bestimmte Leistung ein bestimmtes Entgelt zu zahlen, und zwar unabhängig vom Zeitaufwand des Arbeiters, und der Arbeitnehmer für sich (und evtl. seine Kolonne) unter den gleichen entsprechend anzuwendenden Bedingungen die Verpflichtung zur Leistung übernimmt.

Der moderne Akkord stellt nicht den Gegenwert von Leistung und Geld fest (Stückakkord), sondern den von Leistung und Zeit. Erst bei der Lohnabrechnung wird dieser Zeitakkord in Geld umgerechnet. Diese Form erst macht seine Gültigkeit unabhängig von Währungsschwankungen und der Lohnstufe des Ausführenden und ermöglicht bei richtigem Aufbau einen direkten Vergleich mit Zeitstudien.

Die Einführung des Akkordsystems bringt dem Arbeitgeber wie dem Arbeitnehmer Vorteile. Diesem bietet er die Möglichkeit, seinen spezifischen Verdienst über den Stundenlohn hinaus zu steigern, jenem erwächst außer der jetzt vorhandenen Sicherheit in der Kalkulation der Vorteil gesteigerter spezifischer Produktion infolge der intensiveren Arbeitsleistung. Da diese gesteigerte Arbeitsleistung bei fast gleichbleibenden Grundunkosten ermöglicht wird, verringern sich die Selbstkosten der Erzeugnisse.

Die Einführung der Akkordarbeit ist nur ein Glied in der Reihe der Maßnahmen zur Erzielung eines günstigen Wirkungsgrades der Fertigung: Material- und Bearbeitungsersparnisse durch zweckmäßige Konstruktion, Bereitstellen der geeignetsten Maschinen, Werkzeuge und Fördermittel, Schulung der Leute, Schaffen günstiger Arbeitsbedingungen. Alle diese Maßnahmen, so sinnvoll und zwangläufig sie wirken mögen, wären jedoch unvollkommen, wenn sie jenes Maß von Arbeitslust ausschließen würden, welches den Willen zur Bestleistung hemmt. Die ungeschmälerte Freude an der Leistung ist oft eine stärkere Triebfeder als der wirtschaftliche Druck, der hinter der Akkordarbeit stehen kann.

Von altruistischen Gesichtspunkten abgesehen ist die Arbeitsfreude als leistungssteigernd zu betrachten. Dieser Wille zur Bestleistung wird um so ausschlaggebender sein, je weniger die Dauer der Arbeit durch Maschinenlaufzeiten oder einen erzwungenen Arbeitstakt bestimmt wird, je weniger die in Frage kommende Arbeit mechanisiert und automatisiert ist, also bei vorwiegender Handarbeit und Einzelfertigung. Wir haben somit typisch das Gebiet des Kessel- und Apparatebaues vor uns.

2. Wert und Unwert von Akkordkürzungen.

Wie in den vorausgegangenen Zeilen schon festgestellt werden konnte, liegt eine der wichtigsten Aufgaben der Kalkulation darin, auf die Höhe der Arbeitskosten Einfluß zu nehmen und durch dauernde Beobachtungen und Untersuchungen das Optimum jeder Arbeitsausführung festzustellen und darauf hinzuwirken, daß diese günstigste Erledigungsmöglichkeit auch in die Praxis umgesetzt werden kann. Das Ergebnis solcher Untersuchungen wird die Möglichkeit der Reduktion bisheriger gewohnter Akkordsätze ergeben. Solche Reduktionen finden ihre natürliche Grenze in einem Punkt, welcher eine weitere Erniedrigung der Zeiten mit Rücksicht auf die Qualität der Arbeitsausführung nicht mehr zuläßt, und nicht zuletzt auch in der Arbeitsfähigkeit der ausführenden Arbeiter.

In diesem Zusammenhange kann ein heikles und schwieriges Kapitel des Fabrikbetriebes nicht unberührt bleiben: die Akkordkürzungen auf Grund erzielter hoher Überverdienste.

Wenn infolge ganz besonderer Tüchtigkeit des Arbeiters und seiner Gruppe aus einem Akkord über den Durchschnitt ragende Leistungen herausgeholt werden, so ist zu einer Kürzung des Akkordes nicht ohne weiteres zuzuraten, wenn nicht gleichzeitig die technischen Voraussetzungen zur Ausführung der Arbeit geändert werden, und zwar nicht nur aus psychologischen, sondern auch aus kaufmännischen Erwägungen heraus.

Um diese im ersten Augenblick sonderbar anmutende Auffassung zu begründen, ist es nötig, etwas weiter auszuholen und die übliche Bewertung der Gemeinkostenzuschläge zu den Fertigungslöhnen einer Kritik zu unterziehen.

Die Selbstkosten setzen sich — vereinfacht betrachtet — aus den Materialkosten, den bar gezahlten Löhnen und den anteiligen Gemeinkosten zusammen. Während Material- und Lohnkosten auf das Fabrikat direkt verrechenbar sind, ist dies bei den Gemeinkosten nicht möglich. Wenn wir uns bei den folgenden Betrachtungen auf die Gemeinkosten aus der Fertigung beschränken, so kann vorerst über die Höhe der Gemeinkostenanteile nur so viel ausgesagt werden, daß dem höheren Arbeitsaufwand auch der höhere Anteil an Gemeinkosten zu entsprechen hat. Da nun die bezahlten Barlöhne ein gewisses Maß für den Arbeitsaufwand geben, pflegt man die Gemeinkosten prozentual auf die Barlöhne zu beziehen.

Nun entstehen aber die Gemeinkosten mit dem Ablauf der *Zeit*, hängen also nicht unmittelbar mit den ausgezahlten Löhnen zusammen. Der Kapitaldienst der Werkeinrichtungen, die Hilfslöhne, die Aufwendungen für Betriebsstoffe, die Verwaltungsgemeinkosten usw. laufen *während der Betriebsstunden* auf und sind daher sinngemäß auf die *tatsächlichen Betriebsstunden* zu beziehen.

Werden alle Arbeiten im Lohn ausgeführt, so ist gegen das übliche Berechnungsverfahren, welches die Barlöhne als Grundlage der Zuschläge nimmt, nichts einzuwenden, denn der bezahlte

Lohn steht dann im direkten Verhältnis zur aufgewendeten Arbeitszeit, also sind auch die Gemeinkosten den Barlöhnen proportional.

Anders ist es jedoch bei Akkordarbeit (und das vorherrschende Lohnsystem ist heute das Akkordsystem). Wollte man hier die vorgegebene Zeit mal Akkordlohn als Basis für die Gemeinkostenzuschläge nehmen, so beginge man einen Denkfehler, dessen Auswirkungen größer sein können als man anzunehmen geneigt ist, denn die zu verrechnenden Gemeinkosten müssen sich je nach Dauer der tatsächlichen Inanspruchnahme der Werkeinrichtungen ändern. Es ist also nicht mehr gleichgültig, auf welche der beiden Ziffern — Vorgabezeit oder Ausführungsdauer — man die Unkosten bezieht. Richtig ist es, die Gemeinkosten mit den tatsächlichen Betriebsstunden in Zusammenhang zu bringen — und sei dies auch nur gedanklich — unrichtig dagegen, sie auf die Barlöhne zu beziehen, die der Summe der Vorgabezeiten proportional sind.

Mit einem Beispiel wollen wir schematisch zeigen, wie der Einfluß dieser geänderten Denkweise sich zahlenmäßig geltend macht.

Um die Rechnung nicht zu unübersichtlich zu gestalten, wollen wir eine primitivere Art der Gemeinkostenaufteilung mit Pauschalsätzen annehmen und von folgenden Voraussetzungen ausgehen:

In einem Werk werden für Erledigung von Aufträgen aufgewendet an Arbeiterbetriebsstunden	240000 Std. (a)
dafür zahlt man an Barlöhnen	240000 RM. (b)
Die Gemeinkosten betragen in der gleichen Zeitspanne	600000 RM. (c)

Alle Arbeiten werden im Akkord ausgeführt. Die Vorgabezeiten seien (vgl. S. 18) auf einer solchen Basis aufgestellt, daß ihre Höhe der durchschnittlichen Dauer der Arbeitsausführung entspricht; wir hätten also mit einer Summe der Akkordvorgaben von gleichfalls 240000 Stunden zu rechnen.

Die übliche Selbstkostenermittlung würde das Verhältnis der Gemeinkosten c) zu den Barlöhnen b) bestimmen, also:

$$600000 \text{ RM.} : 240000 \text{ RM.} = 2{,}5 : 1$$

und jede Mark Barlohn zusätzlich mit 2,50 RM. Gemeinkosten belasten.

Wir jedoch beziehen die Gemeinkosten auf die tatsächlich verfahrenen Betriebsstunden und erhalten

$$600000 \text{ RM.} : 240000 \text{ Std.} = 2{,}50 \text{ RM. Gemeinkosten je Betriebsstunde.}$$

Bislang zeigt sich in der Rechnungsweise noch kein ziffernmäßiger Unterschied; er kristallisiert sich erst heraus, wenn wir einen Sonderfall betrachten, bei welchem der Aufwand an Arbeitszeit von der Vorgabezeit abweicht.

Es sei eine Arbeit mit 60 Akkordstunden vorgegeben, und es gelinge dem Ausführenden, sie in 53 Stunden zu schaffen. Die übliche Selbstkostenrechnung (ohne Rücksicht auf Material) würde lauten:

60 Stunden Vorgabe × 1 RM. Akkordlohn = Barlohn . .	60,— RM.
Gemeinkostenzuschlag 250% von 60 RM. = ...	150,— RM.
Selbstkosten (Fertigungskosten) . . .	210,— RM.

Wir hingegen werden rechnen:

Bahrlohn wie vor	60,— RM.
53 Arbeitsstunden $\frac{\times\ 2{,}50\ \text{RM. Gemeinkosten}}{\text{Arbeitsstunde}}$ = ...	132,50 RM.
Selbstkosten	192,50 RM.

Hier zeigt sich schon der eine grundsätzliche Unterschied, daß Arbeiten, die in einem günstigeren Verhältnis von Vorgabezeit zu Ausführungszeit als 1:1 ausgeführt werden, in der Nachrechnung niedriger erscheinen, und das ist nach unseren Erläuterungen auch nur recht und billig, denn die Werkeinrichtungen wurden nur eine kürzere Zeit in Anspruch genommen.

Noch anschaulicher wird die Bedeutung der vorgeschlagenen Auswertung, wenn wir unser einfaches Beispiel ein wenig ausbauen und das Verhalten des Arbeiters in die Erwägungen einbeziehen.

Wir wollen annehmen, der Kalkulator finde bei dem erzielten Verdienst die Vorgabe zu hoch und reduziere den Akkord von 60 auf 57 Stunden. Der Arbeiter antworte darauf so, daß er die Arbeit nun ein wenig verschleppt und statt in 53 in 55 Stunden zu Ende führt, weil er fürchtet, daß eine neuerliche Leistungssteigerung weitere Kürzungen bringen könnte. Die Verschleppung der Arbeit durch den Ausführenden ist die psychische Reaktion auf die nachteilige Beantwortung seiner Bestleistung.

Der Kalkulator errechnet aus der Kürzung der Vorgabe für die Firma einen Vorteil:

57 Stunden × (1 RM. + 250%) = 57 · 3,5 = 199,50 RM. Selbstkosten gegenüber 210 RM. früher.

Unsere Rechnungsweise zeigt aber deutlich, daß er sich in dieser Annahme täuscht; wir rechnen:

57 Stunden Vorgabe × 1 RM. = ...	57,— RM.	Barlohn
55 Stunden Arbeitszeit × 2,50 RM. = . .	137,50 RM.	Gemeinkosten
Selbstkosten . . .	194,50 RM.	

gegenüber 192,50 RM. früher!

Die Akkordkürzung bringt demnach der Firma keinen Nutzen, sondern sogar Schaden. Das ist erklärlich, zählt doch jede Stunde Mehraufwand an Arbeitszeit in der Selbstkostenrechnung 2,5fach, während die Stunde Vorgabenkürzung nur einfach auftritt, so daß schon eine halbe Stunde absichtlicher Mehrarbeit die Ersparnis einer Stunde Vorgabenkürzung zunichte macht.

Selbstverständlich liegen in Wirklichkeit die Verhältnisse ungemein komplizierter als bei diesem einfach gewählten Beispiel. Trotzdem gelten dieselben Gesichtspunkte, wenn man den Fabrikbetrieb von allgemeinerer Seite betrachtet.

Es gilt, bei den bestehenden Gemeinkosten den höchstmöglichen Effekt an Arbeitsleistung zu erzielen. Dies ist unmöglich, wenn die Arbeiter in ihrer Bestleistung zurückhalten, denn den Unkosten stehen dann nicht mehr die tatsächlich möglichen Herausbringungsziffern gegenüber. Versetzt man sich in die Psyche des Arbeiters, der unter Einsatz aller seiner Kräfte und Fähigkeiten eine Höchstleistung vollbringt, für die er sich einen entsprechenden finanziellen Erfolg errechnet hat, und bedenkt man seine Enttäuschung, wenn ohne Verbesserung der technischen Voraussetzungen der Akkord erniedrigt wird, so kann man verstehen, wenn er das nächste Mal seine Bestleistung gar nicht erst zeigt, um sich und seinen Kollegen nicht die Preise zu verderben. Die Firma mag sich aus solchen technisch unbegründeten Kürzungen im Sonderfall Vorteile errechnen, im gesamten Arbeitserfolg werden sie sich nachteilig auswirken, weil das Arbeitstempo nachläßt, wenn solche Maßnahmen nicht ausgeschlossen sind.

In jeder Fabrik gibt es eine Anzahl Leute, die infolge angeborener oder anerzogener Trägheit mit den Tariflöhnen zufrieden sind. Diese wirken an sich schon hemmend auf die Arbeitsfreudigkeit des von Natur aus fleißigen Arbeiters, der vielleicht auch aus anderen Gründen seinen Verdienst steigern möchte, aber seitens seiner Kollegen Vorwürfe wegen seiner Lohnspitzen erhält, weil er ihnen die Preise verdirbt, die wegen seiner erzielten Überschüsse gekürzt werden.

Nimmt man aber solchen Vorwürfen die Berechtigung, so

bilden diese Verdienstspitzen einen Anreiz für die weniger gut verdienenden Leute. Es kommt ein anderer Arbeitsschwung in die Fabrik, weil die Arbeitsfreudigen auch weniger gute Akkordarbeiter und vor allem auch die Stundenlöhner mitreißen.

War das Kürzen der Akkordzeiten bei Überschreiten eines gewissen Überverdienstes bisher immer üblich, so ist das Mißtrauen natürlich eingewurzelt. Der Mann braucht Zeit, um sicher zu werden, daß seine Bestleistungen nicht mehr durch Kürzungen beantwortet werden.

Zu berechtigten Akkordkürzungen ist zudem so viel Gelegenheit, daß schon aus diesem Grunde nicht zur Kürzung wegen zu hoher Überverdienste geschritten werden sollte; lassen sich doch für jede Arbeit im Laufe der Zeit andere Erledigungsmöglichkeiten finden, sei es durch Verbesserung der Hilfsmittel oder auch nur durch eine andere Gruppierung und Teilung. Zudem rechnet jeder Kalkulator neue Akkorde knapper, wenn er weiß, daß die alten Akkorde seit dem Wegfall unberechtigter Kürzungen und der dadurch gesteigerten Arbeitsfreudigkeit Überschüsse ergeben, wie er sie nie für möglich gehalten hätte. Schon aus diesem Grunde müßten eigentlich hohe Überschüsse durch Prämien aus der Unkostenersparnis belohnt werden, zeigen sie doch dem Kalkulator erst die Bestleistungen und damit Ausnutzungsmöglichkeiten für seine zukünftigen Berechnungen.

Es wäre vielleicht zu weit gegangen, wollte man die Selbstkostenrechnung praktisch auf den tatsächlich geleisteten Betriebsstunden aufbauen. Es genügt vielleicht schon, wenn auf die Kostenbeurteilung als solche in Hinsicht auf Kürzungen ein anderes, und wie wir hoffen, helleres Licht geworfen wurde. Eine Kontrolle der tatsächlich aufgewendeten Arbeitsstunden verliert an Wichtigkeit, wenn man nicht mehr wie bisher jede Steigerung des Überverdienstes in der Absicht überwacht, jedes Zuviel durch Kürzung zu beschneiden; es sei denn, daß man die Stundenaufschreibungen zur Verteilung der Verdienste bei Kolonnenakkorden benötigt.

Die Kosten solcher Kontrollen werden besser für die Ausgestaltung der Vorkalkulation aufgewendet, da deren Zuverlässigkeit und Treffsicherheit die Kostenhöhe ja am meisten beeinflußt.

3. Grundlagen und Begriffe zur Aufstellung der Tabellen.

Die Kesselschmiedearbeit erhält ihr besonderes Gepräge durch den erheblichen Anteil an Handarbeiten, die sich einer klaren rechnerischen Behandlung widersetzen. Die Erfassung der Zeiten für die einzelnen Arbeitsgänge ist daher nur in besonderen Fällen — wie etwa beim Bohren, Hobeln, Nieten — in so exakt zergliedernder Weise denkbar, wie dies in den Schriften des Refa[1] gelehrt wird. Je nach Größe und Handlichkeit der Stücke, nach Einfachheit oder Schwierigkeit des Zusammenbaues, der Einrichtung des Arbeitsplatzes ist eine Unzahl von Variationen der einzelnen Elementararbeiten möglich, so daß es keinen Zweck hat, die Zergliederung der Arbeitsgänge zu weit zu treiben. Eine so ins Einzelne gehende, mit jedem Griffelement rechnende Kalkulation ist, wie schon im Vorwort gesagt, wohl in der Serien- und Massenfabrikation am festen Arbeitsplatz, nicht aber im Kesselbau angebracht. Unzweckmäßig ist dieses Verfahren jedoch wohlverstanden nicht im sachlichen Sinne — in begrenzten Fällen wird auch der Kesselschmiedekalkulator dazu greifen — sondern im wirtschaftlichen Sinne, denn die umfangreiche Kleinarbeit der Zerlegung sämtlicher Arbeiten in ihre Elementargriffe steht in keinem Verhältnis zum Effekt, der fertigen Kalkulation, deren Richtigkeit von so vielen Nebenfaktoren abhängt, daß die in der großen Disposition zu erzielenden Ersparnisse oft um ein Vielfaches die in der Kleinarbeit errechneten Einsparungen übertreffen können.

Bei Aufstellung der Tabellen mußte somit eine Beschränkung auf Regelfälle eintreten. Die Akkordzeiten sind so aufgestellt, daß unter Begrenzung auf bestimmte Stückzahlen die normalen zugehörigen Einrichte- und Nebenzeiten mit den Hauptzeiten zumeist verschmolzen bleiben. In Erläuterungen und Beispielen ist auf die getroffenen Voraussetzungen verwiesen. In Sonderfällen wird ein summarisches Verfahren nicht ausreichen, und die speziellen Arbeitsbedingungen werden zu studieren sein. Hier setzt dann die persönliche Leistung des Kalkulators ein. Es wird von ihm verlangt, daß er mit Hilfe einer durch Einzelbeobachtungen geschulten Erfahrung den Arbeitsvorgang zu analysieren, das

[1] Vgl. Literaturnachweis S. 123.

wechselvolle Ineinandergreifen der einzelnen Arbeitsgänge zu verfolgen und die Akkorde synthetisch aufzubauen in der Lage ist.

Ausschlaggebender für den Gesamtzeitbedarf als die Einzelarbeitsgänge ist in manchen Fällen die Feststellung der richtigen Reihenfolge dieser Einzelarbeiten (soweit sie bei bekannten Konstruktionen nicht schon festgelegt ist). Der Kalkulator muß hier den Werdegang des Werkstückes geistig miterleben können. Später (siehe S. 99) soll an einem Beispiel unter Zuhilfenahme graphischer Darstellung das mannigfaltige, oft nicht ganz übersichtliche Ineinandergreifen der Einzelarbeiten gezeigt werden. Oft gelingt es hier, durch eine bestimmte Arbeitsfolge Zeit einzusparen.

In jedem Falle ist von einer schematischen Anwendung der Tabellen abzuraten; die Übereinstimmung der tatsächlichen und der vorausgesetzten Arbeitsbedingungen ist zu überprüfen. Über die sonstigen Einflüsse, die auf die Akkordhöhe von Werk zu Werk einwirken können, soll später gesprochen werden.

Als Zeiteinheit bei Aufstellung der Tabellen wurde die Minute gewählt; sie ist zur Beschreibung auch kurzer Arbeitsgänge geeignet. Auch die Stoppuhr gibt bei Kontrollen die Zeit in Minuten an.

Die aus den Tabellenwerten zusammenzustellenden Zeitvorgaben werden jedoch zweckmäßig auf Stunden und deren Bruchteile umgerechnet. Das gebietet meist schon die Höhe des Akkordes — nicht selten hat man in Kesselschmieden mit Akkordzeiten von 50 und mehr Stunden zu tun — dann aber auch die Gewohnheit von Werkstatt und Lohnbüro, für welche gefühlsmäßig und tariflich die Stunde die gegebene Bezugseinheit ist. Für den Kalkulator jedoch, der umfangreiche Akkorde aus Einzelheiten aufbauen muß, ist die Minute eben genau genug.

Über die Bedeutung der im Akkord vorgegebenen Zeit sind Vereinbarungen unerläßlich, denn je nach Werkgepflogenheit und Tarifgebiet werden unter Akkordzeit bewußt oder unbewußt verschiedene Dinge verstanden. Zum besseren Verständnis seien die klaren Definitionen des Refa zu Hilfe genommen.

Bei jeder Arbeit, sei sie Hand- oder Maschinenarbeit, können wir die vom Arbeiter bei der Bearbeitung irgendeines Werkstückes aufgewendete Zeit in einer Weise zergliedern, die durch das umstehende Schema veranschaulicht wird.

Die Einrichtezeit — also die Zeit für Vorbereiten und Abrüsten von Arbeitsplatz, Werkstück und Arbeitsmaschine — tritt nur einmal auf. Man kann sie in die eigentliche Einrichtzeit und die Verlustzeit zerlegen, wird jedoch von dieser Verfeinerung hier wenig Gebrauch machen.

Die Stückzeit in ihrer letzten Zerlegung setzt sich zusammen aus Hauptzeit, Nebenzeit und Verlustzeit.

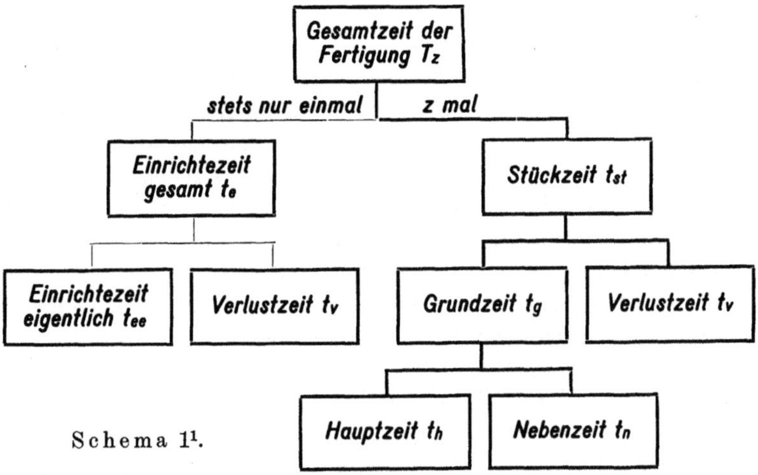

Schema 1[1].

Während die Einrichtezeit als Bestandteil des Akkordes zu Unklarheiten kaum Anlaß geben kann, ist eine Besprechung der Gruppierungsmöglichkeiten der die Stückzeit bildenden Einzelzeiten vonnöten. Vorerst einige Definitionen:

1. Hauptzeit. Sie verläuft unmittelbar, während das Werkstück durch spanabhebende Bearbeitung, durch Verformung, durch Zusammenschweißen und Zusammenbauen mit anderen Stücken Wertänderungen erfährt.

2. Nebenzeit. In ihr führen Arbeiter und Maschine alle jene Tätigkeiten aus, die für das Zustandekommen der Arbeit mittelbar erforderlich sind.

Die Summe von Haupt- und Nebenzeit wird als Grundzeit bezeichnet.

3. Verlustzeit. Die unter 1 und 2 genannten Arbeiten erfahren Unterbrechungen durch

[1] Entnommen aus den Refablättern.

a) sachliche Erfordernisse, z. B. Besprechung mit Vorgesetzten, Herbeiholen von Zeichnungen usw.

b) durch persönliche Bedürfnisse des Arbeiters.

Es gilt nun, schlüssig zu werden, welche der angeführten Zeiten in der Vorgabe enthalten sein sollen. Die Vorgabezeit kann unter einstweiliger Nichtbeachtung der Einrichtezeit auf dreierlei Art gebildet werden.

A. Grundzeit allein.

B. Grundzeit + Verlustzeit.

C. Grundzeit + Verlustzeit + Zuschlag für Mehrverdienst.

In allen drei Fällen ist es trotz verschiedener Zeitlängen möglich, durch Wahl eines entsprechenden Entlohnungssatzes auf denselben Stückpreis zu kommen, so daß man versucht wäre, alle drei Verfahren als gleichwertig anzusprechen. Dies ist wohl ziffernmäßig richtig, doch dem Sinne nach unterschiedlich.

Im Falle A ergibt sich der Vorteil, daß in strittigen Fällen die richtige Arbeitszeit ohne Rücksicht auf die bei verschiedenen Arbeitern abweichenden Verlustzeiten abgestoppt werden kann. Für Kesselschmiedearbeiten ist dieses Verfahren trotzdem wenig geeignet, da die Art des Werkstattbetriebes eine Reihe von Warte- und Verlustzeiten mit sich bringt, die an sich unvermeidlich sind und einen erheblichen Anteil des gesamten Zeitbedarfes bilden können. In vielen Fällen ist im wechselvollen Werkstattbetrieb die Verlustzeit mit der Grundzeit so organisch verknüpft, und die Übergänge sind so fließend, daß der Kalkulator bei Feststellung der reinen Grundzeit auf Schwierigkeiten stoßen würde.

Es empfiehlt sich daher Fall B, wobei die Vorgabezeiten aus der Summe von Grund- und Verlustzeiten gebildet sind. Das Verfahren nach B besitzt den Vorzug, daß die vorgegebene Zeit gleichzeitig einen Anhalt für die durchschnittliche Dauer der Fertigung gibt, denn der Durchschnittsarbeiter in der mittleren Werkstatt (vgl. S. 18) müßte nach unseren Voraussetzungen die Arbeit in der vorgegebenen Zeit ausführen. Im praktischen Betrieb werden natürlich Abweichungen nach oben oder unten die Regel sein.

Bei Anwendung der Berechnungsart nach A würde der Arbeiter in jedem Falle zur Ausführung längere Zeit benötigen, als die Vorgabe aussagt, denn eine Arbeit ohne Verlustzeiten ist wohl stundenweise denkbar, nicht aber im Tages- und Wochendurchschnitt.

Nun zum Fall C. Seine Anwendung ist in Tarifgebieten üblich, wo der Entlohnungssatz für Akkordstunden unter dem Verdienstsatz für Lohnarbeit liegt, so daß dem Arbeiter ein Zeitvorsprung in Form eines Zuschlages für Mehrverdienst zugestanden werden muß, damit er seinen Stundenlohnsatz überhaupt erst erreichen kann. Angenommen eine Arbeit erfordere 5 Stunden. Wird sie im Lohn bei einem stündlichen Verdienst von 1 RM. ausgeführt, so wären dem Arbeiter dafür 5 RM. zu bezahlen. Beträgt nun der Verdienstsatz für Akkordarbeit 0,90 RM., so kann man dem Arbeiter nicht die richtige Zeit von 5 Stunden vorgeben, weil er dann nicht den ihm gebührenden Betrag verdienen würde. Um ihm die gleiche Verdienstmöglichkeit zu sichern, muß auf die Akkordzeit ein Zuschlag für Mehrverdienst in Höhe von 11% gegeben werden, so daß die Vorgabezeit auf 5,5 Stunden erhöht werden müßte. Für diese zugeschlagene halbe Stunde besteht in der Wirklichkeit kein Gegenwert; sie ist eine Zeit, die nicht verläuft und muß gewährt werden, weil die Verdienstsätze eine gewisse Höhe einhalten sollen.

Eine so gebildete Zeitvorgabe hat mit der gebrauchten Arbeitszeit wenig oder nichts mehr zu tun, sie „schafft Unklarheit über mögliche Leistung und verfälscht die Zeitgrundlage wegen sozialer Fragen“ (Refa).

Für die vorliegende Schrift insbesondere war die Aufstellung der Tabellenwerte nach Fall C zu verwerfen, denn wenn ihre Zeiten unmittelbaren Vergleichswert besitzen sollen, kann nicht die Gepflogenheit eines begrenzten Tarifgebietes mit einer bestimmten Spanne zwischen Akkord- und Lohnsatz als Norm aufgestellt werden. In jedem anderen Tarifgebiet müßte dann der Zuschlag für Mehrverdienst anders oder gleich Null werden und die Tabellen wären nicht ohne Umrechnung anwendbar. Unter Berücksichtigung des Vorhergesagten wird die Bildung der Tabellenwerte zweckmäßig nach Fall B vorzunehmen sein.

Die Festlegung der Akkordzeiten wäre eine einfache Sache, würden nur die bis jetzt angeführten Punkte zu beachten sein. Stellt sich schon eine gewisse Unsicherheit ein bei der Bemessung der in der Vorgabe enthaltenen Verlustzeiten, deren von Mann zu Mann wechselnde Größe mit einem nach bestem Wissen ermittelten Durchschnittssatz abgegolten werden muß, so ist dies vielmehr noch bei der Arbeitsleistung selbst der Fall. Gerade in der Kesselschmiede, wo in sehr vielen Fällen keine Maschinenlaufzeit die Dauer der Arbeit vorschreibt, ist der Einfluß der Schulung und Geschicklichkeit des Arbeiters, seiner Kombinationsgabe und nicht zuletzt seines Eifers von ausschlaggebender Bedeutung für die Dauer der Arbeitsausführung. Es wird immer und immer wieder vorkommen, daß ein Mann oder eine Kolonne aus einem Akkord Verdienste herausholt, die anderen unerreichbar bleiben. Das tritt besonders bei Akkorden von längerer Dauer stark in die Erscheinung.

Um hier eine Norm zu finden, ist der Begriff des Durchschnittsarbeiters geprägt worden. Seine Arbeitsleistung sollte bei der Akkordbemessung als Beurteilungsgrundlage dienen. Genau genommen muß diese Durchschnittsleistung für jede Arbeitsart getrennt festgelegt werden; man darf kraß gesprochen nicht auf den Gedanken verfallen, einen als Durchschnittsarbeiter erkannten Feuerschmied für die Festlegung der Durchschnittsleistung beim Nieten heranzuziehen.

Innerhalb eines und desselben Werkes wird die Feststellung der Durchschnittsleistung keinen zu großen Schwierigkeiten begegnen. Die Leistung schwankt jedoch von Werk zu Werk mit der Qualität und Tradition des Arbeiterstammes.

Gleichfalls von Werk zu Werk wechselnd ist die Güte der Fabrikationseinrichtungen. Bei Aufstellung der Tabellen war es daher nötig, die wechselnden Fabrikationsverhältnisse auf einen Durchschnitt zu bringen. Hierzu müssen wir den Begriff einer „mittleren Kesselschmiede mit normaler Einrichtung" prägen. Darunter sei eine Werkstatt verstanden, welche über Elektro- und Handhebezeuge in ausreichender Größe und Zahl verfügt, eine Preßluftanlage und alle üblichen Werkzeugmaschinen in normaler Leistungsfähigkeit besitzt. Bei besonders günstig durchgebildeten Transportverhältnissen und modernen Hochleistungs-Werkzeugmaschinen können die Tabellenwerte entsprechend ermäßigt werden.

In der Unmöglichkeit, diese rein örtlichen Verhältnisse in eine Norm zu bringen, liegt schon der Hinweis, daß die gebrachten Zeiten nur Richtwerte sein können, die je nach Güte der Werkeinrichtungen und Qualität des Arbeiterstammes erforderlichenfalls anzupassen sind.

Während nun die Verhältnisse beim Einzelakkord völlig klar

sind, bedarf der Kolonnenakkord noch einer gewissen Besprechung.

Bei Errechnung des Kolonnenakkordes ist die spätere Zusammensetzung der Kolonne dem Kalkulator selten oder nie bekannt; es bleibt dem Meister überlassen, welche Leute er dazu bestimmt, und diese Bestimmung ist wieder von der augenblicklichen Arbeitsverteilung abhängig.

Man wird heute Kolonnen aus lauter qualifizierten Leuten bilden können und morgen gezwungen sein, aushilfsweise minder qualifizierte Leute oder Jugendliche in die Kolonne einzureihen. Das ist für die Dauer der Arbeitsausführung und damit für den erzielbaren Überschuß natürlich nicht ohne Einfluß. Die minder qualifizierte Kolonne wird nicht in der Lage sein, die Überschüsse der qualifizierten zu erreichen. Andererseits ist es im Interesse des Werkstattfriedens nicht empfehlenswert, die Höhe der Vorgabezeit durch jeweilige Änderung an die Zusammensetzung der Kolonne anzupassen, denn damit wäre Akkordstreitigkeiten Tür und Tor geöffnet. Die Schwierigkeit einer Anpassung und einer gerechten Verteilung des erzielten Überschusses ist um so größer, als es nicht nur feste, aus einer bestimmten Zahl von Leuten bestehende Kolonnen gibt, sondern auch fliegende, welche während der Dauer des Akkordes erweitert oder vermindert werden.

Es empfiehlt sich, die Vorgabezeit unter der Voraussetzung zu bilden, daß der Kolonne nur voll arbeitsfähige Leute angehören, seien sie nun Facharbeiter oder Helfer. Wird z. B. einer der Helfer durch einen Lehrling ersetzt, so würde nun bei dem so festgesetzten Akkord die Kolonne infolge der Minderleistung des Lehrlings zur Ausführung der Arbeit längere Zeit benötigen. Um die Kolonnenteilnehmer nicht zu schädigen, muß ohne Änderung der Vorgabezeit ein Ausweg gefunden werden. Man pflegt daher die Lehrlingsarbeit nur zu einem Bruchteil des Zeitaufwandes zur Anrechnung zu bringen, und zwar ist es empfehlenswert zu setzen:

Lehrling im	1. Jahr:	1 Stunde	=	$^1/_4$	Stunde
„ „	2. „	1 „	=	$^1/_2$	„
„ „	3. „	1 „	=	$^3/_4$	„

Die Qualifikation der Helfer durch entsprechende Anrechnung ihrer Zeit zum Ausdruck zu bringen, empfiehlt sich im Interesse des Werkstattfriedens nicht. Fähige Kolonnenführer werden trachten, solche minder arbeitsfähige oder arbeitswillige Leute zu vollwertigen Kräften heranzubilden, oder, wenn das nicht möglich ist, sie abzustoßen. Es wird eine gewisse Selbstreinigung der Werkstatt eintreten.

Über die Art der Verrechnung von Kolonnenakkorden sei noch ein Wort gesagt. Manchmal wird die Auffassung vertreten, die Vorgabezeit × Akkordlohn des Kolonnenführers sei zur Auszahlung zu bringen. Dieser Auffassung kann nicht beigepflichtet werden, denn sie macht aus dem Zeitakkord einen Geldakkord.

Richtiger ist es, die Summe der aufgewendeten Arbeitszeiten zur Vorgabezeit ins Verhältnis zu setzen und den so ermittelten Mehrverdienst proportional den Einzelverdiensten zuzuschlagen. Ein Beispiel soll das anschaulich machen.

Vorgabezeit: 68 Stunden.

Aufwand	Stunden	Akkord-lohn	Grund-verdienst	Mehr-verdienst	End-verdienst
1 Facharbeiter	28	1,20	33,60	3,90	37,50
1 „ „	4	1,20	4,80	0,55	5,35
1 Helfer	10	1,—	10,—	1,15	11,15
1 „	16	0,90	14,40	1,65	16,05
1 Lehrling, 1. J.	12	0,20	2,40	0,48	2,68
				ausbezahlt	72,73

Der Mehrverdienst errechnet sich wie folgt:

Summe des Zeitaufwandes $28 + 4 + 10 + 16 + {}^1/_4$ von $12 = 61$ Std.

Vorgabe: Zeitaufwand $= 68:61 = 1{,}115$. Der Überverdienst beträgt 11,5%. Die insgesamt auszuzahlende Summe ist 72,73 RM. (gegenüber $68 \times 1{,}20 = 81{,}6$ des erstgenannten Verfahrens).

Soweit die Zahl der Kolonnenmitglieder nicht durch die Art der Arbeit gegeben ist (z. B. 1 Nieter, 1 Vorhalter, 1 Nietwärmer), kann sie in den durch die Eigenart der Arbeit bedingten Grenzen frei gewählt werden. Die Tabellen sind ohne Rücksicht auf eine bestimmte Zahl von Kolonnenmitgliedern so aufgestellt, daß die Kolonne aus voll arbeitsfähigen Durchschnittsleuten zusammengesetzt gedacht ist.

Wenn wir die vorausgegangenen Überlegungen nochmals zusammenfassen wollen, so kann der Gültigkeitsbereich der Tabellen wie folgt beschrieben werden:

Die Tabellenwerte entsprechen der Leistung von Durchschnittsarbeitern in einer mittleren Werkstatt mit normaler Einrichtung. Sie umfassen Einrichtezeit, Grundzeit und Verlustzeit unter Ausschluß eines Zuschlages für Mehrverdienst, geben also, geteilt durch die Zahl der Kolonnenteilnehmer, die durchschnittliche Dauer einer Arbeit an.

4. Tabellen für die Werkstattvorkalkulation.

Tabelle 1. Vorzeichnen.

Anzeichnen von Blechen und Laschen.

Blechgröße bis		1/2″ Nieten % Löcher	5/8″ Nieten % Löcher	3/4″ Nieten % Löcher	7/8″ Nieten % Löcher	1″ Nieten % Löcher
2 m²	Minuten	36	40	45	50	55
4 m²		40	44	50	55	60
6 m²		43	47	55	60	65
8 m²		46	50	60	65	70
12 m²		50	57	65	70	75

		1/2″	5/8″	3/4″	7/8″	1″
Anzeichnen von Nietlöchern in Bodenkrempen	Minuten je 100 Loch	40	45	50	55	60
Niet- und Schraubenlöcher in ∟ Ringen		45	50	55	60	65
Niet- und Schraubenlöcher in Stutzen und Flanschen		70	85	100	120	150
Stutzen und Flanschen an Kesseln und Apparaten anzeichnen .		120	150	175	200	250

Abwicklung von Domen, Stutzen, Krümmern usw.

	200 ⌀	300 ⌀	400 ⌀	500 ⌀	600 ⌀	700 ⌀
mit Nietlöchern je Stück .	30	40	55	70	90	110
ohne Nietlöcher „ „ .	20	30	40	50	60	70

	800 ⌀	900 ⌀	1000 ⌀	1250 ⌀	1500 ⌀	2000 ⌀
mit Nietlöchern je Stück .	120	130	140	170	200	250
ohne Nietlöcher „ „ .	80	90	100	120	150	200

Rißlinien auf Blechen ziehen

bis 5 mm Stärke je lfd. m Rißlänge	3
„ 10 „ „ „ „ „ „	3,5
„ 20 „ „ „ „ „ „	4

Durchkörnen von Blechen

bis 4 m² Größe je Stück	25
„ 6 m² „ „ „	35
„ 9 m² „ „ „	50
„ 12 m² „ „ „	70

Die Tätigkeit des Vorzeichners ist eine der am schwierigsten zu erfassenden. Er muß nicht nur die handwerkliche Tätigkeit des Messens, Reißens und Körnens ausführen, sondern vor allem auch gedankliche und rechnerische Arbeit leisten. Jede seiner Arbeiten wird erst nach eingehendem Studium der Zeichnungen und Stücklisten begonnen, die wichtigsten Maße werden rechnerisch und praktisch ermittelt — Arbeiten, deren Zeitbedarf von Fall zu Fall so wechselnd ist, daß sie in keine Universalformel gebracht werden können — und dann erst folgt die Handarbeit, die jedoch dauernd von Tätigkeiten kontrolltechnischer Art unterbrochen wird. Beispielsweise bei Kesselmantelblechen: auf Böcke auflegen; Blechstärken und Nummern nach den Werkattesten kontrollieren und Nummern mit Ölfarbe bezeichnen; Rißflächen mit Schlemmkreide anstreichen; Rollmaß des zugehörigen Bodens ermitteln; Längs- und Umfangsstichmaße auftragen, Niet- und Schraubenlöcher einteilen, Teilungszahl kontrollieren, Körnen mit Spitz- und Kreiskörner; Bezeichnen der Schärfecken, Angaben über Lage der Stemmkanten, Lochgrößen, Walzdurchmesser und Walzrichtung, Außen- und Innenseite mit Ölfarbe anschreiben.

Man erkennt leicht, daß nur ein geringer Teil dieser Arbeiten seinem Zeitbedarf nach allgemeingültig erfaßbar ist. Schwieriger noch ist die Festlegung von Zeiten für Sonderabwicklungen, für Anzeichenarbeiten an teilweise oder fertig montierten Aggregaten, weil hier die baulichen Eigenheiten eine zu große Rolle spielen.

Man kann daher geteilter Meinung sein, ob es überhaupt ratsam ist, das Vorzeichnen im Akkord zu vergeben. Der hohen Verantwortlichkeit wegen, die auf dem Vorzeichner insbesondere in Werkstätten mit stark ausgeprägter Einzelfertigung lastet, bildet die Akkordarbeit des Vorzeichners eine nicht zu verkennende Gefahrenquelle für Ausschußarbeit; gehen doch fast alle Werkstücke durch seine Hand, um die entscheidenden Merkmale für die weitere Bearbeitung zu erhalten. Durch die Akkordarbeit rückt das Verdienstmoment in den Vordergrund, und ersparte Kontrollen, die den Arbeitsaufwand kürzen sollen, rächen sich gegebenenfalls durch Fehlarbeit. Es empfiehlt sich daher, den an so verantwortlicher Stelle stehenden Mann von dem wirtschaftlichen Druck, wie ihn Akkordarbeit mit sich bringen kann, zugunsten sorgfältigster Arbeit zu entlasten.

Anders liegt der Fall in Werkstätten mit ausgesprochener Serienverarbeitung. Die weitgehende Verwendung kontrollierter

Anreißschablonen ermöglicht ein sorgloseres Arbeiten. Hier kann unbedenklich auch das Vorzeichnen im Akkord vergeben werden. Die Zeiten sind dann an Hand von Spezialaufnahmen unter Rücksicht auf die Größe der Serie festzulegen.

Wenn hier trotz des Vorhergesagten für das Vorzeichnen bei Einzelfertigung doch Zeittabellen gebracht werden, so sollen die darin enthaltenen Werte weniger zur Bemessung von Werkstattakkorden als zur überschlägigen Aufwandsbestimmung bei Angeboten und der Kontrolle der Lohnaufschreibungen dienen.

Bei Aufstellung der Werte für das Anzeichnen von Blechen war zu berücksichtigen, daß die eigentliche Anreißarbeit (bezogen auf hundert Loch) mit der Nietteilung und also mit dem Nietdurchmesser wächst, und daß ebenso die Nebenarbeiten mit der Stärke und der Größe des Bleches steigen. Die Blechstärke wächst gleichzeitig mit Nietdurchmesser und Nietteilung, so daß in waagerechter Richtung der Einfluß dieser drei Faktoren zur Geltung kommt, in senkrechter Richtung hingegen der steigende Anteil der Nebenarbeiten bei größer werdenden Längen- und Breitenabmessungen.

Die Tabelle ist für Bleche mit Nietreihen, also nicht für vereinzelte Löcher abgestimmt. Die Zeitwerte beinhalten in Erfahrungszahlen alle Nebenarbeiten einschließlich der rechnerischen Leistungen.

Die Tabelle über Anzeichnen von Winkelringen zeigt höhere Werte je hundert Loch als jene für Bodenkrempen, weil bei ersteren der Anteil der Nebenarbeiten durch Aufsuchen der Mitte wächst.

Noch höher ist dieser Anteil bei Stutzen und Flanschen. Beim Anzeichnen von Stutzen an Kesseln und Böden sind in der Regel zwei Mann erforderlich, so daß fast die doppelten Zeiten der vorhergehenden Zahlenreihe genommen werden mußten.

Bei den Zahlen über Abwicklung von Domen, Stutzen und Krümmern ist die Blechstärke und demnach Nietteilung und Nietzahl vom Durchmesser abhängig gesetzt. Sie gelten jeweils für eine vollständige Abwicklung.

Ziehen von Rißlinien: Die Nebenarbeiten durch wachsende Blechgröße sind etwa proportional den Rißlängen; die Mehrarbeiten durch wachsendes Gewicht sind gesondert berücksichtigt.

Durchkörnen: Durchzeichnen durch bereits gebohrte Schablonenbleche.

Tabelle 2. Bleche schneiden.

	Gerade Schnitte je lfd. m			Bogenschnitte je lfd. m		
Blechstärke	bis 2 m²	bis 6 m²	über 6 m²	bis 2 m²	bis 6 m²	über 6 m²
4 mm	5	6	7	7,5	9	10
5—8 „	7	8	9	10	12	14
9—10 „	9	10	11	13	15	17
11—12 „	11	12,5	14	16	18	20
13—15 „	14	16	18	21	24	27
16—20 „	17	20	25	26	28	35

Die Dauer eines Schnittes von Meterlänge ist sehr wesentlich vom Gewicht und den Gesamtabmessungen der Blechtafel abhängig, weil die eigentliche Schnittzeit gegenüber den vorbereitenden Nebenarbeiten wenig ins Gewicht fällt. Der Aufbau der Tabelle läßt diese Zusammenhänge deutlich erkennen: die Zeiten steigen sowohl mit der Quadratmeterzahl als auch mit der Blechstärke merklich an.

Bei Bogenschnitten vermehrt sich der Zeitbedarf wegen der erforderlichen zahlreichen kurzen Messerhübe.

Tabelle 3. Bleche richten.

kalt		warm Min. je Stück	
Blechstärke	Min. je m²	300—500 ⌀—⌀	600—1000 ⌀—⌀
4 mm	16	—	—
5—8 „	24	20	50
9—10 „	32	25	60
11—12 „	40	30	75
13—15 „	45	40	90
16—20 „	55	50	120

Die Bleche werden je nach Größe entweder kalt in der Maschine oder warm auf der Richtplatte gerichtet. Der Aufbau der Tabellen ist klar erkennbar.

Tabelle 4. Bleche lochen.

Loch ⌀	in Blechgrößen bis 1 m²	4 m²	8 m²	12 m²
	Minuten je Loch			
bis 8 mm	0,35	0,45	0,55	0,65
„ 14 „	0,4	0,5	0,65	0,7
„ 20 „	0,42	0,55	0,7	0,8
„ 25 „	0,45	0,6	0,75	0,9
„ 30 „	0,5	0,65	0,85	1

Dem Lochen kommt heute keine große Bedeutung mehr zu, seit die damit verbundenen schädlichen Materialanstrengungen bekanntgeworden sind. Im leichten Behälter- und Apparatebau wird die Lochstanze gleichwohl noch angewendet.

Die Hubzahl des Stempels kann mit kleiner werdender Materialstärke keineswegs gesteigert werden, sondern ist durch die Zeit vorgeschrieben, die der Arbeiter vom Beginn des Stempelhubes bis zum Weiterrücken des Bleches und Wiedereinstellen auf Körnermittel unbedingt braucht. Die Zeiten werden sich also auf einer gemeinsamen Grundzeit für das Lochen aufbauen, sonst aber in der Hauptsache durch die Handlichkeit des Bleches (Größe und Stärke) bestimmt sein.

Tabelle 5. Knotenbleche schneiden, lochen und richten.

Unter unwesentlichen Vernachlässigungen läßt sich für jede Knotenblechgröße eine durchschnittlich gleichbleibende Zahl von Niet- und Schraubenlöchern voraussetzen, so daß sich Durchschnittszeiten für die vollständige Herstellung eines Knotenbleches ergeben. In wichtigeren Fällen ist eine genauere Kalkulation am Platze.

Größe bis	
120×120	je Stück 10
200×200	„ „ 12
300×300	„ „ 14
400×400	„ „ 16
500×500	„ „ 20
600×600	„ „ 25
700×700	„ „ 30

Tabelle 6. Das Hobeln von Blechkanten.

Die Vorschriften über den Bau von Dampfkesseln verlangen, daß an jeder durch Schneiden hergestellten Blechkante einige Millimeter durch mechanische Bearbeitung abgehoben werden müssen. Die Bearbeitung der Blechkanten geschieht normalerweise durch Hobeln auf Spezialmaschinen. Die eigentliche Maschinenzeit tritt gegenüber den Transport-, Bedienungs- und Spannzeiten nicht sehr hervor, so daß neben der gewiß auch erstrebenswerten Erhöhung der Verspanungsleistung vor allem die Zweckmäßigkeit der Bedienungseinrichtungen und die Hobellänge in einem Zuge Einfluß auf die Höhe des Akkordes bekommt.

Blechstärke	Grade und Stemmkante	Schweißkante
	Min. je lfd. m	
bis 5 mm	6,5	7
6—7 „	7,5	8
8—9 „	9	9,5
10—11 „	10	10,5
12—13 „	12	13
14—16 „	14	15
17—19 „	16	17
20—22 „	18	19
23—25 „	20	21

Die Zergliederung eines Einzelfalles ergibt folgendes Bild:

1. Beispiel: An einem Mantelblech 6800 × 2500 × 12 sind allseitig Stemmkanten anzuhobeln. Abzuhebender Span 8 mm tief.

Daten der Maschine: Hobellänge in einem Zuge 6 m.
Max. Spanquerschnitt bei Material von 50 kg/mm² Festigkeit 25 mm².
Schnittgeschwindigkeit für Vor- und Rücklauf 10 m/min.

Einrichtezeiten: Stähle einspannen, einstellen, Maschine einrichten und abrüsten, Stähle bei Stemmkantenrichtungswechsel austauschen . . . . 17 Min.

Nebenzeiten (einschl. Verlustzeit):
Blech anschlingen, anheben und auflegen (2 Mann). . . . . 16 „
Blech 6mal ausrichten und spannen (Handspannung) 6 × 12 = 72 „
(4mal normal, 2mal mehr wegen der zu kurzen Hobellänge der Maschine)
2mal Auslauf mit Meißel anhauen je 12 . . . . 24 „
Blech ausspannen, drehen oder verschieben, 5 × 4 . . . . 20 „
Blech ablegen (2 Mann) . . . . 12 „
161 Min.

Grundzeit: Spanquerschnitt 25 mm², Blechstärke 12 mm, max. Schruppvorschub 2 mm, Zahl der theoretisch erforderlichen Schruppschnitte 8:2 = 4 (da die Blechkanten jedoch niemals gerade sind, werden mindestens 10 Schruppschnitte erforderlich sein).

Zahl der Schruppschnitte . . 10
„ „ Schlichtschnitte . . . 2
12

Kante 2,5 m lang: Schnittlänge mit Überlauf 2,7 m
Dauer eines Schnittes 2,7 : 10 m/min = 0,27 Min.
Dauer von 12 Schnitten (Hauptzeit) . . . . 3,24 Min.
Anstellen (Nebenzeit) . . . . 3 „
Grundzeit . . . . . 6,24 Min.

Kante 6,8 m lang: Erster Teilschnitt 6 m lang
Dauer eines Schnittes 6 m:10 m/min = 0,6 Min.
Dauer von 12 Schnitten (Hauptzeit) . . . . 7,2 Min.
Anstellen (Nebenzeit) . . . . 3 „
Grundzeit . . . . . 10,2 Min.

Zweiter Teilschnitt 1 m lang
Dauer eines Schnittes 1:10 = 0,1 Min.
Dauer von 12 Schnitten (Hauptzeit) . . . . 1,2 Min.
Anstellen (Nebenzeit) . . . . 3 „
Grundzeit . . . . . 4,2 Min.

Summe der Grundzeiten:
2 Kanten 2,5 m lang je 6,24 Min. . . . . 12,48 Min.
2 Kanten 6,8 m lang, erster Teilschnitt je 10,2 Min. . . 20,4 „
zweiter Teilschnitt je 4,2 Min. . . 8,4 „
41,28 Min.
15% Verlustzeit etwa 6,22 „
Stückzeit . . . . . . 47,50 Min.

Zusammenstellung:	Einrichte- und besondere Nebenzeiten .	161 Min.
	Stückzeit	47,5 „
	Gesamtzeit . . .	208,5 Min.

Gesamte Hobellänge: 2 × (6,8 + 2,5) = 18,6 m; 208,5 : 18,6 = 11,2 Min. je lfd. m (vgl. Tabelle 6).

Die letzte Zusammenstellung der Zahlen zeigt deutlich den geringen Einfluß der Spanleistung auf eine Ermäßigung der Zeiten. Selbst eine Verdoppelung des Spanquerschnittes ergäbe nur eine Akkordsenkung von etwa 5%. Die Erhöhung der Maschinenleistung kann erst dann zur Geltung kommen, wenn die Nebenzeiten insbesondere durch Anordnung maschineller Schnellspannung wesentlich heruntergesetzt werden.

Die aufgeführten Tabellenzeiten sind auf den laufenden Meter bezogen und berücksichtigen Verhältnisse, wie wir sie bei dem besprochenen Beispiel vorgefunden haben. Der Einfluß der Nebenarbeiten äußert sich in den steigenden Zeiten bei steigender Blechstärke.

Tabelle 7. Winkel-Eisen hobeln.

∢ bis 10 mm stark je m 6	∢ bis 20 mm stark je m 12
∢ „ 12 „ „ „ „ 8	∢ „ 25 „ „ „ „ 15
∢ „ 15 „ „ „ „ 10	

Tabelle 8. Bleche abschärfen.

Zwei Mann führen diese Arbeit mit dem Streckhammer am Koksfeuer aus. Der Zeitbedarf hängt nicht nur von der Blechstärke, auch von der Breite der Ausschärfung (je nach Zahl der Nietreihen) und wegen der Handhabung der Bleche auch von deren Größe ab.

Blechstärke	Blechgröße bis 5 m²	6—10 m²	12—20 m
	Minuten je Ecke		
bis 5 mm	12	18	30
6—7 „	15	20	35
8—9 „	18	25	40
10—11 „	22	30	45
12—13 „	25	38	50
14—16 „	30	45	60
17—19 „	38	50	70
20—22 „	42	60	80
23—25 „	48	70	95

Für Bleche mit 2reihiger Nietnaht ist ein Zuschlag von 15 % zu geben.

Die Herstellung der Ausschärfung durch Fräsen ist unberücksichtigt geblieben. In den Zeiten ist das nachherige Ausglühen der Ausschärfung inbegriffen.

Tabelle 9. Biegen von Blechen.

	Blechstärke	Biege-Durchmesser 200 bis 300	320 bis 400	420 bis 600	650 bis 800	850 bis 1000	1050 bis 1300	1350 bis 1600	1650 bis 2000	2100 bis 2500	2600 bis 3000
bis 1000 breit	2— 4 mm	32	36	40	48	55	65	75	90	—	—
	5—10 „	—	60	70	75	80	90	100	110	120	130
	11—15 „	—	—	80	90	100	110	115	120	135	150
	16—20 „	—	—	—	110	120	130	140	150	160	170
	21—25 „	—	—	—	—	135	145	155	160	170	180
bis 2000 breit	2— 4 mm	55	60	65	70	80	90	100	110	—	—
	5—10 „	—	85	90	95	100	110	120	130	140	150
	11—15 „	—	—	100	110	120	130	140	150	160	175
	16—20 „	—	—	—	125	130	145	150	160	175	200
	21—25 „	—	—	—	—	160	170	180	190	200	220
bis 3000 breit	2— 4 mm	70	85	95	100	110	120	130	140	—	—
	5—10 „	—	100	110	120	130	140	150	160	170	180
	11—15 „	—	—	125	135	145	160	170	180	190	200
	16—20 „	—	—	—	150	160	175	185	200	210	225
	21—25 „	—	—	—	—	180	190	200	220	240	260

Bei Schüssen, welche aus 2 Blechen im Umfang bestehen, $^2/_3$ vorstehender Zeiten je Blech.

Abb. 1. Biegen von Mantelschüssen (Ruthsspeicherbau, Behälter- u. Apparatebau G. m. b. H., AEG Hennigsdorf).

Als Arbeitsmaschine kommt die liegende Blechwalze oder die stehende Biegepresse in Betracht. Die Tabelle ist für die Blechwalze aufgestellt; bei der Biegepresse lassen sich mit eingearbeiteten Leuten etwas niedrigere Zeiten erzielen.

Die in der Tabelle angegebenen Werte gelten für Schüsse, die aus einem Blech im Umfang bestehen. Außer der reinen Laufzeit der Maschine, also der eigentlichen Biegearbeit, sind in den Werten enthalten: die Zeiten für das Anschlingen und Wenden der

Bleche, das Einrichten der Maschine, das Vorbiegen, das Messen sowie das Ablegen der gerollten Schüsse. Diese Nebenarbeiten fallen bei Blechen, die nicht den vollen Umfang umfassen, gegenüber der Hauptarbeit stärker ins Gewicht. Für einen vollen, im Umfang aus zwei Blechen bestehenden Schuß sind die Akkordzeiten um etwa ein Drittel höher zu halten.

Die Abb. 1 zeigt den Vorgang des Rollens zu Beginn der Arbeit. Zwei Mann bedienen die Maschine. Zum Anbiegen sowie zum Ablegen der Bleche — bei großen Blechen auch während des Biegevorgangs — ist Kranhilfe erforderlich.

Tabelle 10. Sägen an der Kaltsäge.

	in Längen bis					in Längen bis			
	2 m	4 m	7 m	10 m		2 m	4 m	7 m	10 m
30× 30	2	3	3,5	5	Nr.8	5	6	7	9
40× 40	3	4,5	5	6,5	„ 10	6	6,5	8	10
50× 50	3,5	4,5	5,5	8	„ 12	7	8,5	10	12
60× 60	4,5	5,5	7	9	„ 14	8	9,5	11,5	13
70× 70	5	6,5	9	10,5	„ 16	9	11	13	15
80× 80	6,5	8	10	12	„ 18	10	12	14,5	16,5
90× 90	7	10	12	14	„ 20	11	13,5	15,5	17,5
100×100	8	11	14	16	„ 22	12	15	17	20
110×110	9	12	15	17,5	„ 24	14	16,5	18,5	22
120×120	10	14	16	20	„ 26	15	18	20	24
140×140	12	15	17,5	22	„ 28	17	19,5	22	26
160×160	13,5	16	21	25	„ 30	18,5	22	24	28
180×180	15	18	23	27	„ 32	21	24	27	30
200×200	17	19	25	30	„ 36	25	29	32	35

	in Längen bis					(Differdinger) in Längen bis			
	2 m	4 m	7 m	10 m		2 m	4 m	7 m	10 m
Nr 8	6	6,5	8	10	Nr18B	17	20	24	30
„ 10	6,5	8	9,5	11	„ 20B	19	23	28	32
„ 12	7,5	10	11	13	„ 22B	21	25	30	35
„ 14	9	11	13	15	„ 24B	23	28	33	38
„ 16	10	12	15	17	„ 26B	25	31	35	42
„ 18	11	13,5	17	19	„ 27B	27	33	38	45
„ 20	12,5	15	19	21	„ 28B	29	35	41	48
„ 22	14	17	20	23	„ 29B	31	36	43	50
„ 24	15	18,5	22	26	„ 30B	33	37	45	52
„ 26	16	20	24	28	„ 32B	35	40	48	55
„ 28	17,5	22	26	30	„ 34B	37	42	50	58
„ 30	19	24	28	33	„ 36B	38	45	53	60
„ 32	22	28	32	36	„ 38B	40	48	56	64
„ 36	25	30	35	40	„ 40B	42	50	60	68

Sägen (Fortsetzung).

Profil	(breitflansch. T-Eisen) in Längen bis 2 m	4 m	7 m		(hochsteg. T-Eisen) in Längen bis 2 m	4 m	7 m
Nr. 4/2	2,5	3,5	4,5	Nr. 4/4	3	4	5
„ 5/2,5	3	4	5	„ 5/5	3,5	4,5	5,5
„ 6/3	4	5	6,5	„ 6/6	4,5	5,5	7
„ 7/3,5	4,5	5,5	7	„ 7/7	5	6,5	9
„ 8/4	5,5	7	9	„ 8/8	6,5	8	10
„ 9/4,5	6,5	9	11	„ 9/9	7	10	12
„ 10/5	7	10	13	„ 10/10	8	11	14
„ 12/6	9	12	15	„ 12/12	10	13	16
„ 14/7	11	14	17				
„ 16/8	12	15	19				

□ ○	in Längen bis 2 m	4 m	6 m	8 m	Rohre ∅	in Längen bis 2 m	4 m	6 m	8 m
30	2,5	3	4	5,5	30	2	2,5	4	5
40	3,5	4,5	5,5	7	40	2,5	3	4,5	6
50	4	5	7	8,5	50	3	4	5	7
60	5	6,5	8	10	60	4	5	6	8
70	6	7,5	9	12	70	5	6	7	9
80	7	8	11	15	80	5,5	6,5	8	10
90	7,5	9	12	17	90	6,5	7	9	11
100	8	10	14	18	100	7	8	10	12
110	9	11	15	20	110	8	10	11	13
120	10	12	17	22	120	9	11	12	14
140	12	15	19	24	140	10	12	13	15
160	14	17	21	27	160	11	13	14	17
180	17	21	27	34	180	12	14	16	19
200	20	27	33	41	200	14	15	18	21
225	26	34	40	50	225	16	18	21	25
250	32	40	48	60	250	18	21	25	28
300	50	65	75	90	300	22	25	28	32

Sägen an der Kaltsäge (Tabelle 10). So einfach der Sägevorgang an sich rechnerisch erfaßbar erscheint, so schwierig ist die Festlegung von Akkordsätzen, wenn es sich um ein ausgedehnteres Materialienlager handelt, welchem Stücke wechselnden Profils und ungleicher Länge entnommen werden sollen. Die Nebenarbeiten, abgesehen vom Spannvorgang an der Maschine selbst erreichen hierbei wesentliche Höhen, welche die Schnittdauer unter Umständen um ein Mehrfaches überschreiten können.

Diese Nebenarbeiten hängen insbesondere von den Transportmitteln, auch von Gewicht und Handlichkeit der zu sägenden Stücke ab. In den Tabellen konnten die beiden letzten Faktoren als Profilnummer und Länge des gesägten Stückes berücksichtigt werden. Selbstverständlich werden beim einzelnen Akkord bei einem solchen Verfahren Ungenauigkeiten auftreten, so wenn beispielsweise für das Sägen eines kurzen Stückes nur eine lange Stange des betreffenden Profils vorrätig ist. Im Tages- und Wochendurchschnitt jedoch gleichen sich solche Unterschiede aus.

Der Akkord beinhaltet:

1. das Anreißen der Materialien auf Länge,
2. den Antransport an die Säge,
3. das Aufspannen,
4. das Sägen,
5. das Abspannen und Ablegen des Restmaterials.

Etwa benötigte Hilfskräfte sind vom Akkordinhaber zu bezahlen. Die Zeiten gelten nicht für Materialien, die außerhalb des Kranbereichs der Säge liegen.

Sind vom gleichen Profil mehrere Stücke gleicher Länge zu schneiden, so sind Vereinfachungen möglich: Winkel- und Flacheisen können in der nebenstehend gezeigten Weise gespannt werden oder ein einstellbarer Anschlag erspart das jedesmalige Anreißen und Ausrichten. Für solche Fälle haben die Tabellenwerte nach dem Vorhergesagten keine Gültigkeit. Kommen Serienschnitte häufiger vor, so wird der Akkord auf strengerer Grundlage unter Trennung der Einrichte-, Haupt- und Nebenzeiten aufgestellt werden müssen, wie das nachfolgende Beispiel zeigt.

2. Beispiel: Es sind 200 Scheiben von 140 ⌀ × 40 mm stark abzusägen. Materialfestigkeit 50—60 kg pro mm². Schnittdauer bei Verwendung eines 7 mm breiten Sägeblattes auf einer Hochleistungskaltsäge im Dauerbetrieb 1,8 Minuten. Lagerlänge des Materials 7 m. Gewicht einer Stange etwa 850 kg. Zahl der erforderlichen Stangen 200 × 47 = 9400, 9400 : 7000 = 2 Stangen. Tragfähigkeit des Hebezeuges 1500 kg; jede Stange muß einzeln herangeholt werden.

Einrichtezeit:

4 mal Auswechseln des Sägeblattes je 10 Min. . .	40 Min.
Anbringen einer Prismaunterlage und des einstellbaren Anschlages	16 ,,
Antransport von 2 Stangen Material	10 ,,
Ablegen des Restmateriales	5 ,,
	71 Min.

Nebenzeiten:

Erstmaliges Auflegen und Einspannen (2 mal) . .	8 Min.	
Sägeblatt und Anschlag einstellen	6 „	
	14 Min.	
Spannstock lösen, Material nachrücken und neu spannen 202 × 0,6 Min.	121 „	135 Min.
Hauptzeit: 202 Schnitte je 1,8 Min.		365 „
Verlustzeit: 15% von 135 + 365 Min.		75 „
		575 Min.

Zusammenstellung:	Einrichtezeit. . . .	71 Min.
	200fache Stückzeit .	575 „
		626 Min.

Je Scheibe ergeben sich 626:200 = 3,12 Min.

Für einen Einzelschnitt am gleichen Material hätte der Akkord nach der Tabelle 10 etwa 13 Minuten betragen und sich zusammengesetzt wie folgt:

Antransport einer Stange und Ablegen des Restes 5 + 5 =		10 Min.
Schnittdauer	1,8 Min.	
Ein- und Ausspannen	0,6 „	
	2,4 Min.	
+ 15% Verlustzeit	0,4 „	2,8 „
Gesamtakkord		12,8 Min.

In unserem speziellen Falle betrug der Akkord nur 24% des Tabellenwertes, es zeigt sich also die Notwendigkeit der getrennten Durchrechnung solcher aus dem Rahmen des Normalen fallenden Aufgaben.

Sind die einzelnen Stücke bei Serienschnitten von größerer Länge, so sind mehr Stangen heranzuholen und Reststücke abzulegen, so daß die Vorgabezeiten steigen müssen. Für durchschnittliche Verhältnisse und gröbere Rechnung wird man etwa folgende Abzüge von den Tabellenzeiten vornehmen können: bei 20 Stück 20%, bei 25—50 Stück 25%, bei 60—100 Stück 30%.

Mit einer Hochleistungskaltsäge lassen sich etwa folgende Schnittzeiten erreichen:

Tabelle 11. Hochleistungskaltsäge.

S. M. Rundmaterial bei 50—60 kg/mm² Festigkeit

	Schnittzeit		Schnittzeit
● 50 mm ⌀	0,4 Min.	● 175 mm ⌀	2,40 Min.
● 75 „	0,75 „	● 200 „	3,60 „
● 100 „	1,20 „	● 250 „	5,50 „
● 125 „	1,50 „	● 300 „	8 „
● 150 „	1,80 „		

Hochleistungskaltsäge (Fortsetzung). ⊏ und I Träger.

	Schnitt-zeit Min.		Schnitt-zeit Min.		Schnitt-zeit Min.		Schnitt-zeit Min.
⊏ 10	0,3	I 10	0,25	I 36	1,20	I 300/300	1,6
⊏ 14	0,4	I 14	0,40	I 40	1,40	I 400/300	2,4
⊏ 20	0,6	I 20	0,60	I 50	2	I 500/300	3
⊏ 24	0,7	I 25	0,80	I 60	2,8	I 600/300	3,4
⊏ 30	0,9	I 30	0,90	I 200/200	0,8	I 750/300	3,6

Tabelle 12. Winkel-Ringe im Feuer gebogen.

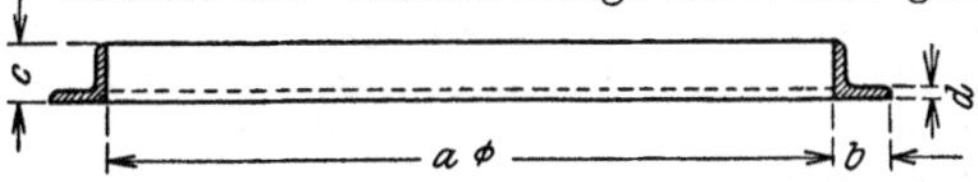

	b	30	40	50	50	60	60	70	70	80	80	80	90	90	100	100	120	120
	c	30	40	50	50	60	60	70	70	80	80	80	90	90	100	100	120	120
	d	4 bis 6	5 bis 8	5 bis 8	9 bis 12	6 bis 9	10 bis 15	8 bis 10	11 bis 15	8 bis 10	11 bis 15	17 bis 20	10 bis 15	17 bis 20	10 bis 15	17 bis 20	10 bis 15	17 bis 20
	a ⌀																	
1	200	50	60	70	90	110	135	150	175	200	240	280	270	320	300	—	—	—
2	bis	8	8	12	12	12	12	15	15	15	20	20	25	25	25	—	—	—
3	250	12	14	16	20	25	30	30	35	35	35	40	40	45	45	—	—	—
1	260	55	70	85	110	125	150	165	190	210	250	290	280	320	300	—	—	—
2	bis	8	8	12	12	15	15	15	20	20	25	25	25	30	30	—	—	—
3	300	12	14	16	20	25	30	30	35	35	35	40	40	45	45	—	—	—
1	310	60	85	100	125	145	170	190	210	225	270	300	300	340	320	380	—	—
2	bsi	8	10	12	12	15	15	15	20	20	25	25	25	30	30	35	—	—
3	400	12	14	16	20	25	30	30	35	35	35	40	40	45	45	50	—	—
1	410	65	100	110	135	160	190	205	230	240	280	320	320	360	340	390	440	—
2	bis	8	10	12	12	15	15	15	20	20	25	25	25	30	30	35	35	—
3	500	12	14	16	20	25	30	30	35	35	35	40	40	45	45	50	55	—
1	520	70	110	125	150	175	210	220	240	255	290	340	340	375	360	400	450	480
2	bis	8	10	12	12	15	15	15	20	20	25	25	25	30	30	35	35	40
3	600	12	14	16	20	25	30	30	35	35	35	40	40	45	45	50	55	60
1	620	80	120	140	160	185	220	240	260	275	300	360	360	400	380	420	460	500
2	bis	9	12	12	12	15	15	15	20	20	25	25	25	30	30	35	35	40
3	700	12	16	16	20	25	30	30	35	35	35	40	40	45	45	50	55	60
1	720	95	140	160	175	195	230	255	280	290	320	370	380	420	410	450	480	520
2	bis	10	12	12	12	15	15	15	20	20	25	25	25	30	30	35	35	40
3	800	12	16	16	20	25	30	30	35	35	35	40	40	45	45	50	55	60

Reihe 1 = ∢ Eisen biegen und den Ring nach dem autog. Schweißen rund richten.
Reihe 2 = ∢ Ring zum Schweißen behauen.
Reihe 3 = ∢ Ring autogen zusammenschweißen.
Vorstehende Tabelle gilt für Anfertigen von Ringen ohne Benutzung eines Glühofens, ist ein Glühofen vorhanden, können die obigen Zeiten entsprechend ermäßigt werden.

Tabelle 13. Winkel-Ringe mit Maschine gebogen.

	a ∅															
	b	30	40	50	50	60	60	70	70	80	80	80	90	90	100	100
	c	30	40	50	50	60	60	70	70	80	80	80	90	90	100	100
	d	4 bis 6	5 bis 8	5 bis 8	9 bis 12	6 bis 9	11 bis 15	8 bis 10	11 bis 15	8 bis 10	11 bis 15	17 bis 20	10 bis 15	16 bis 20	10 bis 15	16 bis 20
1	800	70	100	120	135	150	175	200	230	250	260	310	325	370	360	400
2	bis	12	12	15	15	15	15	20	20	25	30	30	30	30	40	40
3	900	12	14	15	20	25	30	35	35	40	40	40	40	45	45	50
1	920	80	110	130	150	175	200	230	250	265	290	340	360	400	375	420
2	bis	12	12	15	15	15	15	20	20	25	30	30	30	30	40	40
3	1000	12	14	15	20	25	30	35	35	40	40	40	40	45	45	50
1	1050	95	120	145	165	190	215	250	280	290	320	350	370	420	400	440
2	bis	12	12	15	15	15	15	20	20	25	30	30	30	30	40	40
3	1200	15	17	20	25	30	35	40	40	40	40	40	45	45	50	50
1	1250	105	130	155	180	210	240	270	290	300	330	360	390	430	420	460
2	bis	12	12	15	15	15	15	20	20	25	30	30	35	35	40	40
3	1400	15	18	20	25	30	35	40	40	40	40	40	45	50	50	55
1	1450	115	140	170	200	230	260	285	310	330	345	375	410	440	440	480
2	bis	12	12	15	20	20	20	20	25	25	30	35	35	35	40	40
3	1600	15	18	20	25	30	35	40	45	45	45	45	45	50	50	55
1	1650	125	150	185	215	250	280	300	330	340	360	385	420	460	460	500
2	bis	12	12	15	20	20	20	25	25	30	30	35	35	35	40	45
3	1800	14	18	25	30	30	35	40	45	45	45	45	45	50	55	60
1	1850	135	165	200	240	275	300	320	345	360	380	410	450	475	480	520
2	bis	12	12	15	20	20	25	25	30	30	35	35	40	40	45	45
3	2000	15	18	25	30	30	35	40	45	50	50	50	50	55	55	60
1	2100	150	180	215	260	310	340	360	390	400	420	450	480	500	500	550
2	bis	15	15	20	25	25	25	30	30	30	35	40	40	40	45	50
3	2500	20	25	30	35	35	40	45	45	50	50	55	55	60	60	70
1	2600	170	210	260	300	360	390	400	420	440	460	500	530	550	560	600
2	bis	15	15	20	25	30	30	30	35	35	40	40	40	40	45	50
3	3000	25	30	35	40	40	40	45	50	50	50	55	55	60	65	70

∢ Ringe über 3000 ∅ in der Maschine biegen (ohne Anbiegen) per lfd. m

20	22	24	26	28	30	33	35	36	39	42	44	50	55	60

Herstellung von Winkelringen (Tabelle 12 u. 13). Winkelringe finden insbesondere im Apparatebau ausgedehnte Verwendung. Die Schenkelstärken werden im allgemeinen mit Rücksicht auf die Beanspruchungen hoch gewählt, die Biegearbeit ist demgemäß schwierig.

Winkelringe kleineren Durchmessers werden — sofern nicht besonders starke Spezialmaschinen zur Verfügung stehen — von

Hand im Feuer gebogen werden müssen (Tabelle 12). Hierzu sind je nach Gewicht des Werkstückes 2—3 Mann erforderlich. Der Winkel wird im warmen Zustand auf der Richtplatte mit Dornen verklemmt und bei gleichzeitigem Hämmern um eine Schablone herumgezogen.

Ringe größeren Durchmessers bearbeitet man mit Vorteil auf der Maschine (Tabelle 13). Hierzu sind die Enden jedoch im Feuer vorzubiegen. Trotz Maschinenarbeit wird ein Richten des fertiggebogenen Ringes nicht immer zu umgehen sein.

Bei nach innen gekehrtem Schenkel sind die Zeiten um etwa 10% zu erhöhen.

Jede Spalte enthält 3 Zahlenreihen. Es bedeutet:

Reihe 1: Winkeleisen biegen und nach dem Schweißen richten. (Bei Maschinenarbeit ist das Vorbiegen beider Enden eingeschlossen.)

Reihe 2: Zum Schweißen behauen.

Reihe 3: Autogen schweißen.

Die Zusammenfassung dieser 3 Reihen gibt also den Zeitbedarf fertiggestellter, ungebohrter Ringe.

Bohren (Tabelle 14).

Die Art der in Kesselschmieden vorkommenden Bohrarbeiten und auch die Bauart der Bohrmaschinen ist recht mannigfaltig. Zur Verwendung kommen Radialbohrmaschinen, Spezialkesselbohrmaschinen für gerollte Schüsse mit senkrechter oder waagerechter Spindel, Mehrspindel- und andere Sondermaschinen, sowie auch transportable Bohrmaschinen mit Preßluft- oder Elektroantrieb für Bohrungen an Werkstücken, die aus Gründen der Unzugänglichkeit oder mit Rücksicht auf den Transport nicht an die stationären Bohrmaschinen herangebracht werden können.

Abb. 2 zeigt das Bohren der Nähte eines zusammengebauten Körpers mit einer Seitenbohrmaschine. Aus Abb. 3 ist die Anwendung einer Preßluftbohrmaschine ersichtlich.

Die Werkstücke selbst sind natürlich nach Art, Abmessung und Handlichkeit außerordentlich verschieden. Zur Bearbeitung durch Bohren kommen beispielsweise Mantelbleche in ebenem oder gerolltem Zustand, Böden und Winkelringe einzeln oder mit

Abb. 2. Bohren (Ruthsspeicherbau, Behälter- und Apparatebau G. m. b. H., Hennigsdorf).

Abb. 3. Bohren mit Preßluftbohrmaschine (Werkzeug: Deutsche Niles-Werke Berlin).

Schüssen vereinigt, Rohrböden mit einer großen Zahl nahe nebeneinanderliegender Bohrungen, Kammern, an welchen außer der Bohr- auch Fräsarbeit zu leisten ist, dazwischen Stutzen, Armaturen und dergleichen.

Der Umfang der Aufspann- und Nebenarbeiten unterliegt entsprechend großen Schwankungen, so daß jedes einzelne Werk nach dem Grad seiner den speziellen Erfordernissen angepaßten Einrichtungen und der Leistungsfähigkeit seiner Maschinen zweckmäßig gestaffelte Tabellen verwenden wird.

Hier war für Aufstellung der Tabellen die Beschränkung auf einen möglichst allgemeinen Fall erforderlich. Gebracht werden zwei Tabellen (Nr. 14a, 14b) über Bohren mit stationären Maschinen und eine solche für Arbeiten mit transportablen Bohrmaschinen (Nr. 14c).

Tabelle 14a. Bohren.

Blechstärke bzw. Lochtiefe in mm	Loch-⌀ in mm:													
	5	7,5	10	14	17	20	24	27	30	33	36	40	45	50
	Zeit je Loch in Minuten:													
5	0,3	0,4	0,55	0,75	0,8	0,95	1,2	1,4	1,6	1,75	2	2,2	2,5	2,8
10	0,45	0,55	0,7	0,8	0,95	1,1	1,3	1,5	1,75	2	2,2	2,4	2,6	3
15	0,6	0,8	0,95	1,1	1,2	1,4	1,6	2	2,3	2,5	2,7	2,9	3,1	3,5
20	0,8	1	1,1	1,3	1,6	1,8	2	2,2	2,4	2,6	2,8	3,1	3,4	4
25	1	1,2	1,3	1,6	2	2,3	2,5	2,6	2,8	3	3,2	3,6	4	4,5
30	1,2	1,4	1,7	1,9	2,3	2,5	2,8	3	3,2	3,6	3,8	4,1	4,6	5
35	1,4	1,6	1,8	2,1	2,4	2,7	3	3,2	3,5	4	4,4	4,8	5,2	6
40	1,7	2	2,2	2,4	2,7	3,1	3,3	3,6	4	4,4	4,8	5,1	6	6,7
45	2	2,3	2,4	2,6	3,1	3,3	3,6	3,8	4,3	4,8	5	5,5	6,4	7,2
50	2,2	2,5	2,7	3	3,3	3,6	3,8	4,2	4,8	5,1	5,4	6	6,8	8
55	2,5	2,8	3	3,2	3,6	4	4,4	4,8	5,1	5,6	6	6,3	7,2	8,6
60	2,8	3	3,2	3,4	4	4,4	4,8	5,2	5,5	6	6,3	6,6	8	9
65	3	3,2	3,5	3,7	4,2	4,6	5,1	5,4	5,8	6,3	6,8	7	8,8	9,6
70	3,2	3,4	3,7	4	4,4	4,9	5,3	5,8	6,3	6,6	7	7,4	9,2	10,2
75	3,6	3,8	4,1	4,4	4,8	5,4	5,7	6,3	6,9	7	7,5	7,8	9,6	11
80	4	4,3	4,5	4,8	5,2	6	6,5	6,8	7,3	7,6	8	8,8	10,4	12
85	4,4	4,7	5	5,4	5,8	6,4	6,7	7,2	7,7	8	8,6	9,2	11,2	12,8
90	4,8	5,1	5,3	5,6	6,2	6,6	7,2	7,7	8,2	8,6	9,2	10	12	13,5
95	5,1	5,4	5,7	6	6,5	7	7,6	8,2	8,6	9,2	9,8	10,8	12,8	14,5
100	5,6	5,9	6,2	6,4	6,8	7,2	8	8,8	9,2	10	10,5	11,5	13,5	15
110	6,3	6,7	7	7,2	7,5	7,8	8,8	9,5	10	11,5	12	13	15	17
120	7	7,5	8	8,5	8,8	9,2	9,5	10,5	12	13	14,5	16	17,5	19
Versenken	0,2	0,3	0,4	0,5	0,7	0,8	0,9	1	1,2	1,3	1,5	1,7	2	2,5

Tabelle 14b. Für Löcher von 60 bis 150 mm ⌀.

Blechstärke bzw. Lochtiefe in mm	Loch-⌀ in mm: 60	65	70	75	80	85	90	95	100	110	120	130	140	150
	Zeit je Loch in Minuten:													
10	3,6	4,4	4,8	5,5	6,5	7,2	8	9	9,5	10,5	12	13,5	15	16
15	4	5	6	7	8	9	10	11	11,5	13	14	15,5	17,5	19
20	4,8	6	7,2	8,4	9,6	10,5	12	12,7	13,5	15	16,5	17,5	20	22
25	6	7,3	7,8	10	11	12,5	14	15	16	17	18,5	20	22	24
30	7,2	8,8	10,5	12	13,5	14,5	16	17,5	18	19	21	22,5	24	26,5
35	8	9,4	11,2	12,8	14,7	16	18	19,5	20	21,5	23,5	24,5	26,5	28
40	8,8	10	12	13,5	16	18	20	21	22	24	26	27,5	29	32
45	9,5	11	13	15	17	19	21	22,5	24	26	28	30	32	34
50	10,5	12	14,5	16	18,5	20	22	24	26	28	30	32	34	37
55	11	12,7	15,3	17	19	21	23,5	25,5	28	30	32	34	36	38,5
60	12	13,5	16	18	20	22,5	25	27,5	30	32	34	36	38	40
65	13	15	17	19,5	22,5	24	27,5	30	32,5	34,5	36	37,5	39	42
70	14	16	18	22	25	27	30	32	35	37	38	39	40	44
75	14,5	16,5	19	23	26,5	28,5	31,5	33,5	36,5	38,5	40	41	42,5	46
80	15	17,5	20	24	28	30	33	35	38	40	42	43	45	48
90	16	19	22	25,5	30	33	37	40	43	45	48	50	51	55
100	17,5	20	24	28	33	37	40	42	45	48	52	55	56	62

Für obenstehende Tabelle ist Verwendung von Sassebohrern zugrunde gelegt.

Tabelle 14a und b sind auf folgender Grundlage aufgestellt: Die zu bohrenden Gegenstände sind an den Arbeitsplatz zu liefern. Die Zeiten für Auf- und Ablegen der Arbeitsstücke sowie die erforderlichen Nebenarbeiten sind in den Bohrzeiten in durchschnittlicher Höhe enthalten. Die Maschine ist als Einspindelmaschine gedacht, als zu bearbeitendes Material ist Schmiedeeisen von etwa 45 kg Festigkeit angenommen.

Diese Definition des Geltungsbereiches der Tabelle ist wohl zu beachten; Spezialarbeiten können nach diesen Ziffern natürlich nicht bewertet werden. In solchen Fällen muß immer eine genaue Untersuchung der besonderen Arbeitsbedingungen die Grundlage für die Bemessung der Akkordzeit abgeben.

Welche Unterschiede bei genauer Kalkulation einer Spezialarbeit gegenüber den Werten aus der allgemeinen Tabelle auftreten können, sei an einem Beispiel vorgerechnet.

3. Beispiel: Es sind zwei zu einem Apparat gehörige Rohrwände von 3000 mm ⌀ und 25 mm Blechstärke zu bohren. Jede Wand erhält 1800 Löcher von 33 mm ⌀.

Von vornherein sei festgelegt, daß die Rohrwände in zusammengespanntem Zustand gebohrt werden sollen. Demnach wären also zu bohren

1800 Loch 33 mm ⌀ × 50 mm tief.

Eine möglichst weitgehende Zerlegung der Einzelarbeiten ergibt folgendes Bild.

1. Einrichtezeit (2 Mann): Feste Unterlage an der Bohrmaschine aufstellen und nach der Wasserwaage ausrichten . . . . 80 Min.
   Am ersten Boden Ketten anschlingen, Boden mit dem Kran hochheben und auf die Unterlage setzen 20 „
   Zweiten Boden desgleichen, wenden und auf den ersten legen . . . . 30 „
   Böden untereinander ausrichten und mit Schraubzwingen fest verspannen . . . . 60 „ 190 Min.
2. Bohrzeit: Abgestoppte Zeit je Loch von Körner zu Körner 2,6 Min. 1800 Loch × 2,6 = ... 4680 „
3. Neben- und Verlustzeiten: Böden 5mal drehen, da der Bohrmaschinenausleger nicht die ganze Rohrwand bestreicht . . . . 125 Min.
   Bohrer wechseln, Maschine ölen, Bohrwasser herrichten, sonstige sachliche und persönliche Erfordernisse, etwa 12% von 4680 Min. . . . . . 560 „ 685 „
4. Abrüstarbeiten (2 Mann): Böden auseinanderschrauben, ablegen, Rüstung wegräumen . . . . 120 „

Sa. 5675 Min.

Unsere allgemeine Tabelle hätte bei kritikloser Anwendung einen wesentlich höheren Wert ablesen lassen, und zwar

1800 Loch × 5,1 = 9180 Min.

Die Ersparnis durch Berücksichtigung der vorteilhaften Bearbeitungsmöglichkeit beträgt demnach 3505 Min. = 58,4 Stdn.

Das Beispiel zeigt anschaulich, welche Ersparnisse von einer gewissenhaften Vorkalkulation bei genauer Durchrechnung solcher Spezialfälle erzielt werden können.

Tabelle 14c. Bohren mit Preßluftbohrmaschine.

Lochtiefe	Loch-⌀ in mm:												
	5	8	10	14	17	20	24	27	30	33	36	40	45
	Zeit je Loch in Minuten:												
5	2,5	2,5	2,5	2,7	2,8	3	3,3	4	4,8	5,5	6,5	7,2	8,5
10	—	2,7	2,8	3	3,3	3,5	3,7	4,5	5,2	6	6,8	7,6	9
15	—	—	3,2	3,5	3,8	4	4,8	5,5	6,5	7,2	8	8,8	10
20	—	—	—	3,9	4,2	4,8	6	6,8	7,2	8	8,8	9,6	11
25	—	—	—	—	5,2	5,6	7,2	8	8,8	9,5	10,5	11	12
30	—	—	—	—	—	6,8	8,2	8,8	9,5	11	12	13	14
35	—	—	—	—	—	8	9,5	10,5	11,5	12,5	14	15	16
40	—	—	—	—	—	9,5	11	12	13	14,5	16	17	18

Tab. 14c über das Bohren mit Preßluftbohrmaschinen zeigt naturgemäß wesentlich höhere Werte. Die Nebenarbeiten können unter Umständen erheblich ins Gewicht fallen. So werden Rüstungen aufzustellen sein, bei schwierigeren und größeren Bohrungen werden oft zwei Mann angreifen müssen. Zur Aufnahme des Vorschubdruckes wird größtenteils — falls keine Magnetbohrmaschine zur Verfügung steht — ein Bohrwinkel aufzuspannen sein. Auch in dieser Tabelle konnten die Nebenarbeiten nur in durchschnittlicher Höhe Berücksichtigung finden.

Tabelle 15. Anfertigen von flachen Böden.

Böden werden heute zumeist fertig gepreßt vom Hüttenwerk bezogen. Gleichwohl ist die Selbstanfertigung kleinerer Dimensionen in der Feuerschmiede — sofern es sich nicht um Serien handelt, bei welchen sich die Presse weit überlegen zeigt — durchaus rentabel.

In der Tabelle ist die Anfertigung durch Feuerschmiede bei Verwendung eines Koksfeuers beschrieben. Bei Vorhandensein von Glühöfen lassen sich die Zeiten ermäßigen.

Die Höhe der Krempe und somit auch die Bördelarbeit ist verschieden, je nachdem der Boden später überlappt genietet oder stumpf geschweißt werden soll. Zur Ausführung der Arbeiten sind je nach Größe des Bodens 2—3 Mann erforderlich, welche nach stückweiser Erwärmung das Blech auf ein Gesenk spannen und den Rand seitlich abbördeln.

Die Spalten „Bördeln zum Anschweißen, zum Annieten“ geben den Gesamtakkord für Bördeln eines Bodens. Sind mehrere anzufertigen, so ist der Akkord unter getrennter Berücksichtigung der nur einmal aufzuwendenden Einrichtezeit zu errechnen.

Sollen also beispielsweise 6 Böden von 800 mm ⌀ und 12 mm Blechstärke zum Annieten hergestellt werden, so wäre zu rechnen:

4. Beispiel: Gesamtzeit für 1 Stück lt. Tab. 430 Min.
davon ab Einrichtezeit . . . . 100 „
Stückzeit . . . . 330 Min. × 6 = 1980 Min.
dazu Einrichtezeit . . . 100 „
Akkord . . . . 2080 Min.

Die Herstellung eines solchen Bodens in der Serie von 6 Stück kostet demnach 2080 : 6 = 350 Minuten.

Die Tabelle ist so gehalten, daß die gesamten Selbstkosten der

Tabelle 15. Anfertigen von flachen Böden (ohne Verwendung eines Glühofens).

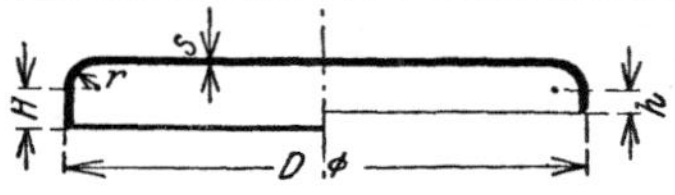

Maße mm						Minuten				
							bördeln			
D	S	r	H	h	Blechgröße bei H	schneiden	zum Anschweißen h	zum Anrieten H	davon Einrichtezeit	drehen
300	4	30	50	30	405 Ø	10	45	—	20	27
300	6	30	50	30	405	12	50	150		27
300	8	30	50	30	410	14	65	165	40	27
300	10	30	50	30	410	16	80	180		27
400	4	40	55	30	520	12	60	180		32
400	6	40	55	30	520	14	70	200	48	32
400	8	40	55	30	520	16	85	225		32
400	10	40	55	30	520	20	95	250		32
500	6	50	60	35	630	18	90	240		38
500	8	50	60	35	630	20	110	260	65	38
500	10	50	60	35	635	24	130	280		38
500	12	50	60	35	635	30	160	310		38
600	6	60	65	35	750	20	120	270		42
600	8	60	65	35	750	22	150	290		42
600	10	60	65	35	755	28	170	310	78	42
600	12	60	65	35	755	35	200	325		42
600	15	60	65	35	755	42	220	350		42
700	6	70	65	40	850	25	160	290		45
700	8	70	65	40	850	28	190	310		45
700	10	70	65	40	855	34	210	320	90	45
700	12	70	65	40	855	40	230	350		45
700	15	70	65	40	855	55	250	380		45

Maße mm						Minuten				
							bördeln			
D	S	r	H	h	Blechgröße bei H Ø	schneiden	zum Anschweißen h	zum Anrieten H	davon Einrichtezeit	drehen
800	6	80	70	40	960	28	180	340		50
800	8	80	70	40	960	32	200	370		50
800	10	80	70	40	965	40	220	400	100	50
800	12	80	70	40	965	48	240	430		50
800	15	80	70	40	965	60	270	470		50
800	18	80	70	40	965	70	300	500		50
900	6	90	70	40	1065	32	200	380		55
900	8	90	70	40	1065	35	220	400		55
900	10	90	70	40	1070	44	260	430	105	55
900	12	90	70	40	1070	52	280	460		55
900	15	90	70	40	1070	65	300	500		55
900	18	90	70	40	1070	75	350	540		55
1000	6	100	70	40	1170	35	230	400		60
1000	8	100	70	40	1170	40	260	430		60
1000	10	100	70	40	1175	48	280	460	110	60
1000	12	100	70	40	1175	55	310	500		60
1000	15	100	70	40	1175	75	360	550		60
1000	18	100	70	40	1175	80	400	600		60

Böden aus ihr errechnet werden können. Bei Ermittlung des Rohmaterialgewichts ist mindestens das der angegebenen Scheibe umschriebene Quadrat, dazu ein Zuschlag für Verschnitt zu nehmen.

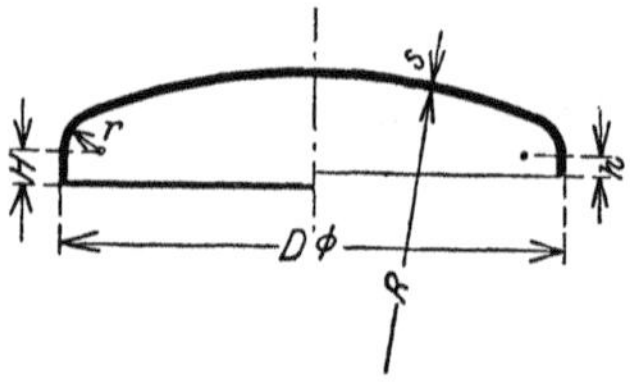

Tabelle 16.
Anfertigung gewölbter Böden
(ohne Verwendung von Glühofen und Presse).

D	*S*	*R*	*r*	*H*	Blech-größe Ø	schneiden	poltern	bördeln *h* zum *H*: An-schweißen	bördeln *h* zum *H*: An-nieten	davon Einr.-Zeit für Poltern und Bördeln	drehen	1 Boden komplett anfertigen, zum Einnieten: Min.	zum Einnieten: Std.	zum Anschweißen: Min.	zum Anschweißen: Std.
300	4	300	30	50	405	10	40	45	—	30		—	—	125	2,1
300	6	300	30	50	405	12	45	50	150			237	3,9	137	2,3
300	8	300	30	50	408	14	60	65	165	50	30	269	4,5	169	2,8
300	10	300	30	50	408	16	70	80	180			296	4,9	196	3,3
400	4	400	40	55	520	12	60	60	180			287	4,8	167	2,8
400	6	400	40	55	520	14	70	70	200	60	35	319	5,3	189	3,1
400	8	400	40	55	525	16	80	85	225			356	5,9	216	3,6
400	10	400	40	55	525	20	90	95	250			395	6,6	240	4
500	6	500	50	60	632	18	80	90	240			378	6,3	228	3,8
500	8	500	50	60	632	20	100	110	260	80	40	420	7	270	4,5
500	10	500	50	60	636	24	120	130	280			464	7,7	314	5,2
500	12	500	50	60	636	30	150	160	310			530	8,8	380	6,3
600	6	600	60	65	748	20	110	120	270			445	7,4	295	4,7
600	8	600	60	65	748	22	140	150	290			497	8,3	357	5,9
600	10	600	60	65	750	28	160	170	310	95	45	543	9	403	6,7
600	12	600	60	65	750	35	180	200	325			585	9,7	460	7,6
600	15	600	60	65	754	42	200	220	350			637	10,6	527	8,8
700	6	700	70	65	850	25	140	160	290			505	8,4	375	6,2
700	8	700	70	65	850	28	170	190	310			558	9,3	438	7,3
700	10	700	70	65	854	34	190	210	320	110	50	594	9,9	484	8
700	12	700	70	65	854	40	210	230	350			650	10,8	530	8,8
700	15	700	70	65	854	55	230	250	380			715	11,9	585	9,7
800	6	800	80	70	962	28	165	180	340			588	9,8	428	7,1
800	8	800	80	70	962	32	175	200	370			632	10,5	462	7,7
800	10	800	80	70	962	40	190	220	400	120	55	685	11,4	505	8,4
800	12	800	80	70	964	48	210	240	430			743	12,4	553	9,2
800	15	800	80	70	964	60	240	270	470			825	13,7	625	10,4
800	18	800	80	70	964	70	275	300	500			900	15	700	11,6
900	6	900	90	70	1065	32	180	200	380			652	10,8	472	7,8
900	8	900	90	70	1065	35	200	220	400			695	11,5	535	8,9
900	10	900	90	70	1065	44	230	260	430	130	60	764	12,7	594	9,7
900	12	900	90	70	1068	52	250	280	460			822	13,7	642	10,7

D	*S*	*R*	*r*	*H*	Blech-größe ⌀	schneiden	poltern	bördeln *h* zum *H* An-schwei-ßen	bördeln *h* zum *H* An-nieten	davon Einr.-Zeit für Poltern und Bördeln	drehen	1 Boden komplett anfertigen zum Ein-nieten Min.	zum Ein-nieten Std.	zum An-schweißen Min.	zum An-schweißen Std.
900	15	900	90	70	1068	65	280	300	500	130	60	905	15	705	11,7
900	18	900	90	70	1068	75	320	350	540			995	16,6	805	13,4
1000	6	1000	100	70	1168	35	200	230	400			700	11,6	530	8,8
1000	8	1000	100	70	1168	40	225	260	430			760	12,6	590	9,8
1000	10	1000	100	70	1168	48	250	280	460			823	13,7	643	10,7
1000	12	1000	100	70	1170	55	280	310	500	140	65	900	15	710	11,8
1000	15	1000	100	70	1170	75	320	360	550			1010	16,8	820	13,6
1000	18	1000	100	70	1170	80	360	400	600			1105	18,4	905	15

5. Beispiel: Es ist ein Boden von 800 ⌀ aus 10 mm Blech mit Krempe zum Annieten anzufertigen.

1. 1 Blech 962 ⌀ × 10 ausschneiden . . . . 40 Min.
2. 1 geschnittenes Blech in die Polterschale reinschlagen 190 „
3. 1 gepoltertes Blech Rand anbördeln und fertig richten 400 „
4. 1 Boden Stemmkante andrehen . . . . 55 „

685 Min. = 11,4 St.

Anfertigen gewölbter Böden (Tabelle 16). Zu der bereits besprochenen Arbeit des Bördelns gesellt sich noch das Herstellen der Wölbung durch Poltern in der entsprechend geformten Schale. Für überschlägige Rechnungen unter Benutzung von Pauschalsätzen für die Gemeinkosten sind die Zeiten für Anfertigung kompletter Böden in den letzten Spalten aufaddiert worden. Eine genaue Rechnung müßte jede Arbeitsweise mit ihrem zugehörigen Zuschlag belasten.

Bei Ermittlung der Akkorde von Serien ist wieder auf Trennung der Einrichtezeit zu achten. Der Akkord für Poltern und Bördeln von vier gewölbten Böden 900 mm ⌀ × 15 stark wird ermittelt wie folgt:

6. Beispiel: Poltern lt. Tabelle . . . . . 280 Min.
Bördeln lt. Tabelle . . . . 300 „ (zum Anschweißen)
580 Min.
davon ab Einrichtezeit . . . . 130 „
Stückzeit . . . 450 Min. × 4 = 1800 Min.
dazu Einrichtezeit . . . . 130 „
Akkord . . . . 1930 Min.

Auf den einzelnen Boden der Serie entfallen 482 Minuten.

Die Spalte für Andrehen der Stemmkante soll nur einen Anhaltspunkt über die zu erwartenden Kosten geben.

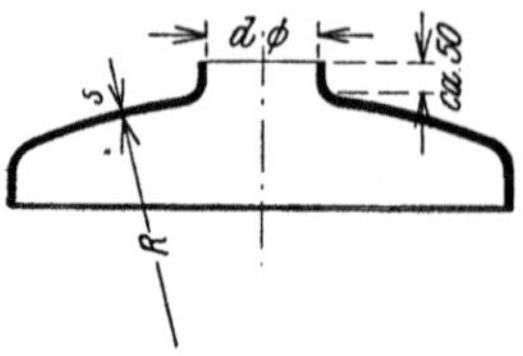

Tabelle 17. Aushalsen von Böden.

d Ø	Blechstärke s					
	6	8	10	12	15	18
100	120	140	160	175	200	240
120	135	155	170	190	220	255
140	150	170	180	200	230	270
160	165	185	200	220	250	285
180	180	200	220	240	270	300
200	200	220	240	260	290	325
225	220	240	260	280	310	340
250	240	260	280	300	325	360
275	250	270	290	320	340	370
300	260	290	300	330	350	385
350	280	300	320	340	360	400
400	300	320	355	360	380	420
450	330	345	360	385	400	440
500	360	380	390	410	430	450

In den fertiggestellten Boden wird ein Loch eingebrannt, dessen Durchmesser kleiner als *d* ist und von der Höhe des Krempenrandes, dem Durchmesser *d* der Aushalsung und der Materialstärke abhängt. Die Aushalsung wird durch Bördeln über ein passendes Gesenk hergestellt.

Für diese Schmiedearbeit gelten im allgemeinen dieselben Voraussetzungen, wie wir sie bei der Anfertigung von Böden vorgefunden haben. Die Zeit für das Ausbrennen ist nicht besonders aufgeführt worden.

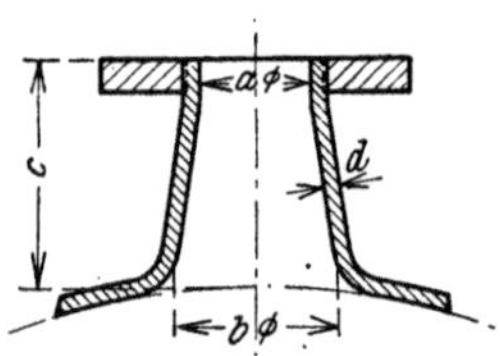

Tabelle 18.
Anfertigung schmiedeeiserner Stutzen.

a Ø	b Ø	c	d	Blech anzeichnen	Blech schneiden	Blech hobeln	Blech biegen, schweißen, bördeln und aufpassen	Flansch ausbrennen	Flansch grade richten	Stutzen und Flansch drehen und Gewinde schneiden	Flansch warm aufziehen und vernieten	Stutzen-Krampe behauen
50	90	200	14	20	30	15	540	15	20	150	45	25
80	130	200	14	20	30	15	570	15	20	175	45	30
100	150	200	14	20	35	15	600	18	25	195	50	35
125	175	200	14	20	35	15	630	18	25	220	55	40
150	200	200	16	25	40	20	660	20	25	240	55	40
175	250	200	16	25	40	20	700	20	30	270	60	45
200	270	200	16	25	45	20	720	20	30	300	65	50
225	300	200	16	25	50	20	760	25	40	330	70	50
250	325	200	16	30	55	25	800	25	40	360	75	55
300	400	200	18	30	55	25	900	30	50	400	90	60
350	450	200	18	30	60	25	975	30	55	450	110	70
400	500	200	18	30	65	25	1050	30	60	500	125	80

Bei Stutzen mit größerer Höhe „c“ als 200 erhöhen sich die Rubriken schmieden, hobeln, schweißen und bördeln für je weitere 50 mm um 5%.

Die Tabelle 18 gibt eine Zusammenstellung aller zur vollständigen Anfertigung schmiedeeiserner Stutzen erforderlichen Arbeiten. Der Stutzenmantel wird aus Kesselblech konisch gebogen, im Feuer geschweißt, gebördelt und an die kugelige Boden- bzw. zylindrische Mantelwölbung angepaßt. Mit dem Preßluftmeißel wird die Stemmkante an der Krempe behauen. Auf der Drehbank schneidet man Gewinde auf den Stutzenhals, das Gegengewinde im Flansch ist um ein reichliches Schrumpfmaß kleiner zu halten. Der Flansch wird dunkelrot erwärmt, aufgeschraubt und vernietet und bedarf keines weiteren Nachwalzens oder Einschweißens mehr.

(Als Ergänzung vgl. Tabelle 33 über das Anbringen von Stutzen.)

Schweißen.

Zu den Schweißverfahren, welche im Kessel- und Apparatebau Verwendung finden, kann gezählt werden:

1. die Wassergasschweißung,
2. die autogene Schmelzschweißung,
3. die elektrische Lichtbogenschweißung,
4. die Feuerschweißung.

Die Wassergasschweißung erfordert so kostspielige Einrichtungen, daß sie für den normalen Werkstattbetrieb ausscheidet. Man läßt solche Schweißungen in der Regel von den die Bleche und Böden liefernden Hüttenwerken ausführen. Demgemäß konnte auf bezügliche Tabellen verzichtet werden.

Tabelle 19. Autogenes Schweißen.

Blechstärke mm	bis 2	4	6	8	10	13	16	20	25
Schweißfurche	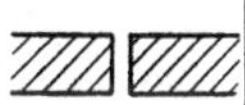		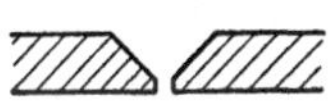				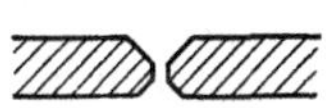		
Schweißzeit je m	20	24	30	36	48	60	90	115	135
Zuschläge je m: glatte Längsnaht	12		15		22		35		
Zuschläge je m: glatte Rundnaht	18		27		34		45		
Zuschläge je m: Krümmer	27		36		45		55		
Gasverbrauch Liter je m O_2	90	200	350	530	750	1160	1650	2400	3650
Gasverbrauch Liter je m C_2H_2	82	180	320	480	680	1060	1500	2180	3220
Schweißdraht ∅	2	3	4	5	6	6	7	8	8
Schweißdraht Verbrauch g/m ca.	50	200	360	600	860	1400	1500	1850	2800

Flanschen anschweißen		Stutzen einpassen und einschweißen		Stutzen einpassen und einschweißen	
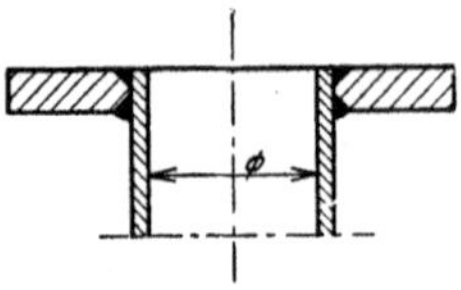		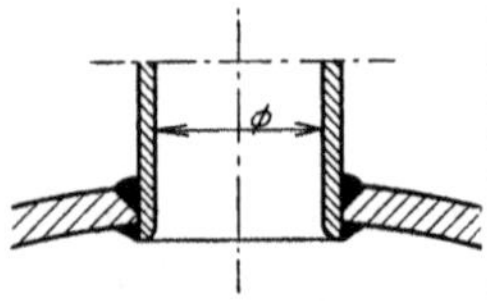		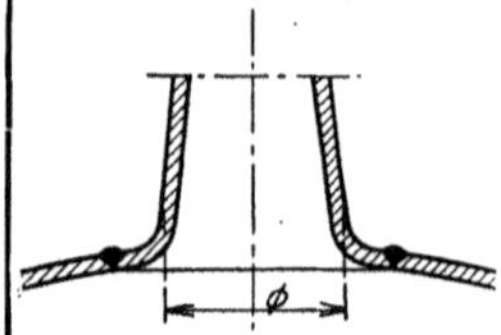	
∅	Zeit	∅	Zeit	∅	Zeit
30	15	39	18	—	—
45	20	45	22	—	—
60	26	60	30	100	60
75	30	75	35	120	70
90	37	90	42	150	80
120	50	120	55	200	95
150	60	150	70	250	110
200	80	200	95	300	125
250	100	250	120	350	140
300	115	300	140	400	160
350	130	350	165	500	200
400	150	400	190	600	240
		Loch ausbrennen, schräg hauen und von außen und innen schweißen		Loch ausbrennen, schräg hauen, Stutzen einpassen und einschweißen.	

Die Autogenschweißung (Tabelle 19). In der Regel wird der Schweißer seine Arbeiten unter gleichbleibenden Bedingungen am festen Arbeitsplatz ausführen können. Dieser Fall ist den Werten der Tabelle zugrunde gelegt. Hierbei ist vorausgesetzt, daß dem Schweißer die vorgerichteten, mit gehobelten, gedrehten oder behauenen Kanten versehenen Werkstücke an den Arbeitsplatz gebracht werden. Die Vornahme der Schweißung selbst wird durch die Gruppierung der Tabelle veranschaulicht. Die erste Zahlenreihe gibt die reine Schweißzeit an, die drei folgenden beinhalten den durchschnittlichen Zeitbedarf der Nebenarbeiten, welcher nach der Art der Naht wechselt.

Die Nebenarbeiten bestehen im wesentlichen aus dem Heften, Spannen und Wenden der Stücke. Bei Rundnähten müssen mehr Heftungen vorgenommen und zur Erzielung des richtigen Flusses muß öfters gewendet werden. Die Zeiten für Bedienung der Apparatur sind gleichfalls durch einen entsprechenden Zuschlag berücksichtigt. Das moderne Streben geht dahin, den Mann von der Regulierarbeit am Brenner und der Bedienung der Apparatur durch zweckentsprechende Einrichtungen vollständig zu entlasten.

Normalerweise kann bis etwa 14 mm Materialstärke mit V-Furche, also einseitiger Schweißung das Auskommen gefunden werden. Bei hoch beanspruchten Nähten dieser Art ist jedoch ein Nachschweißen (leichtes Verlaufenlassen) der Nahtinnenseite empfehlenswert. Diese Nachschweißung ist durch einen etwa 30% igen Zuschlag zur reinen Schweißzeit zu berücksichtigen.

Der beim Übergang zur doppelseitigen X-Schweißung erhöhte Zeitbedarf wird dadurch bedingt, daß die Naht zweimal bis zum Schmelzfluß erhitzt werden muß. Bei großen Materialstärken und senkrecht stehenden Nähten vermag man daher auf die Weise Ersparnisse an Zeit und Gasen zu erzielen, daß zwei Mann gleichzeitig von innen und außen schweißen. Bei Werkstücken, welche eine Erwärmung im Feuer zulassen, wird man diesen Weg zur Ersparnis von Schweißgasen beschreiten. In der Tabelle sind diese Arbeitsweisen jedoch nicht zum Ausdruck gebracht.

Bei sperrigen Stücken wird es gelegentlich nötig sein, daß der Schweißer mit seiner Apparatur zum Arbeitsstück geht, um dort unter eventuell schlechteren Bedingungen und in schwierigerer Haltung zu schweißen. Solche Arbeiten müssen von Fall zu Fall berechnet werden.

Die vier letzten Rubriken der Tabelle geben eine Übersicht über den Verbrauch an Gasen und Zusatzmaterial sowie über den Durchmesser der zu verwendenden Schweißstäbe.

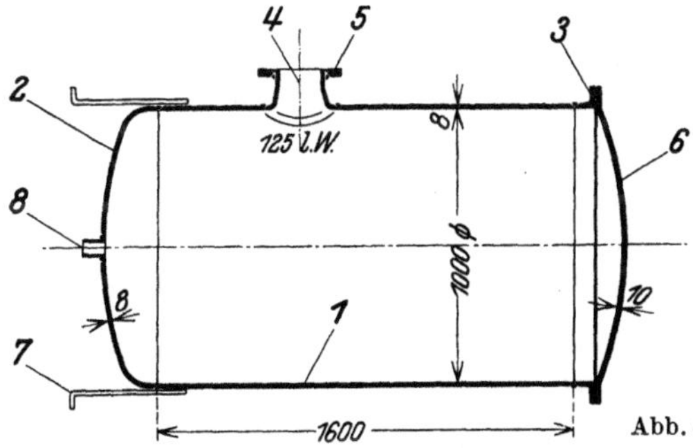

Abb. 4.

7. Beispiel:

(zur Autogen-Schweißtabelle.)

Werkstattvorkalkulation für einen geschweißten Behälter nach Abb. 4.

Pos.	Gegenstand	Arbeitsvorgang	Min.	Akkord Nr.	Bemerkungen
1	1 Mantelblech	anzeichnen, 9,5 m Rißlänge je 3,5	33	—	
	3165×1600×8	schneiden, 4,8 m je 8	38	2	
		hobeln, 9,6 m je 10	96	3	
		biegen	100	4	
			267 Min.		

Pos.	Gegenstand	Arbeitsvorgang	Min.	Akkord Nr.	Bemerkungen
		Übertrag:	267		
2	1 Boden	Blech anzeichnen, 3,5 m je 3,5 .	12	—	
	1016 ⌀ × 8	Blech schneiden, 3,5 m je 7+4 .	40	2	Siehe
	gewölbt	Blech poltern	225	5	Boden-
		Blech bördeln	260	5	tabelle
		Schweißkante andrehen	65	6	
3	1 ∢ Ring,	biegen und nach dem Schweißen			
	70/70/16,	rund richten	250	5	Siehe
	1000 l. ⌀	zum Schweißen behauen	20	7	∢ Ring
		schweißen	35	8	Tabelle
	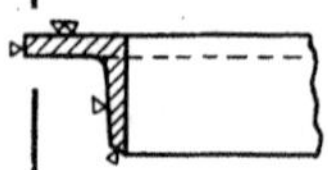	drehen: Dichtfläche und zum Anschweißen von 16 auf 9 mm .	120	6	
		anzeichnen, 48 Löcher, % 60 . .	29	—	
		48 Schraubenlöcher bohren, 23 ⌀ je 1,6 Min.	76	9	
4	1 Stutzen aus	anzeichnen	20	—	
	6 mm Blech,	schneiden, 1,5 m je 7 Min. . . .	10	2	
5	mit Flansch,	biegen	40	4	
	20 mm stark	schweißen	15	8	
		bördeln	45	5	
		1 Flansch aus Blech ausbrennen, 1,2 m je 16 Min.	19	10	
		1 Flansch gerade richten	15	5	
		1 Flansch drehen	40	6	
		1 Flansch bohren	16	9	
		1 Flansch aufschweißen.	50	8	
6	1 Tellerboden,	1 Blech anzeichnen	12	—	
	1140 ⌀ × 10	1 Blech schneiden, 3,5 m je 9+4,5	48	2	
		1 Blech poltern	260	5	
		1 Blech Rand ansetzen	150	5	
		1 Blech Rand drehen	60	6	
		1 Blech Schraubenlöcher anzeichnen	29	—	
		1 Blech Schraubenlöcher bohren, 48 Löcher 23 ⌀ je 1,3 Min. . .	62	9	
1	1 Mantellängsnaht	schweißen, 1,6 m je 36+15 . . .	82	8	Vgl.
		innen verziehen, 1,6 · 12	20	8	Schweiß
1+2	1 Boden am Mantel	heften und schweißen, 3,2 m je 36+27	202	8	tabelle
		innen verziehen, 3,2 m je 12 . .	38	8	
1+3	1 ∢ Ring am Mantel	heften u. schweißen, 3,2 m je 36+27	202	8	
		innen verziehen, 3,2 m je 12 . .	38	8	
1+4	1 Stutzen	am Mantel anzeichnen	15	—	Siehe
		1 Loch ausbrennen, 1 Loch schräg hauen, 1 Stutzen einpassen und einschweißen	90	8	Schweiß tabelle

2977 Min.

Pos.	Gegenstand	Arbeitsvorgang	Min.	Akkord Nr.	Bemerkungen
		Übertrag:	2977		
7	4 Füße aus ⌀ 50 · 15	abschneiden, je 3 Min.	12	2	
		biegen, je 15 Min.	60	5	
		anschweißen, 260 mm, 60+22 . . je Meter	84	8	
8	1 Gasmuffe, $1^1/_2''$	Loch im Boden bohren	8	9	
		einpassen und einschweißen .	20	8	
	8,5 m Schweißnaht	außen befeilen und verputzen, je Meter 10 Min.	85	7	
	1 Behälter	zuschrauben, füllen u. probieren	240	11	
	1 Behälter	anstreichen, 8 m² je 9 Min. . . .	72	12	
	Für unvermeidliche Transporte in der Werkstatt		102	—	

3660 Min = 61 Std.

Akkordzusammenstellung.

Anzeichnen, Pos. 1 bis 7 . . . . 150 Min.
Akkordkarte Nr. 2 = Pos. 1, 2, 4, 5 u. 6 schneiden 148 „
„ „ 3 = „ 1 hobeln . . . . . . 96 „
„ „ 4 = „ 1, 4 biegen . . . . . 140 „
„ „ 5 = „ 2, 3, 4, 5 u. 6 schmieden 1265 „
„ „ 6 = „ 2, 3, 4, 5 drehen . . . 285 „
„ „ 7 = „ 1—7 behauen und verputzen . . . . . 105 „
„ „ 8 = „ 1, 3, 4, 6 u. 7 schweißen 876 „
„ „ 9 = „ 2, 3, 4 u. 5 bohren . . 162 „
„ „ 10 = „ 1 u. 4 brennen . . . . 19 „
„ „ 11 = „ 1—7 probieren . . . . 240 „
„ „ 12 = „ 1—7 streichen . . . . 72 „
Transporte . . . . 102 „

3660 Min. = 61 Std.

Tabelle 20. Autogenes Schneiden.

Blechstärke	Schnittlänge unter 1 m	Schnittlänge über 1 m	Bogen je m
	je lfd. m		
bis 4 mm	8	7	10
bis 7 „	9	8	11
bis 12 „	10	9	12
13—16 „	12	10,5	14
17—20 „	15	12	16
22—30 „	18	15	20

Der Autogenbrenner mit seiner Apparatur kann in den seltensten Fällen an seinem Arbeitsplatz verharren. Die Art seiner Tätigkeit macht es erforderlich, daß er mit dem Karren, auf welchem Gasflaschen und Apparat untergebracht sind, bald an halbfertige Apparate heranfahren muß, um Stutzenlöcher auszubrennen, bald nahe dem Stand des Anreißers Kurvenschnitte ausführen, bald Winkelringe auf die richtige Länge bringen muß und dergleichen mehr. Die Verlustzeiten infolge dieser wechselnden Arbeit sind entsprechend groß und können nur nach einem durchschnittlichen Erfahrungssatz abgegolten werden. Je mehr Schneidearbeiten er an einer Stelle verrichtet, desto geringer kann dieser Zuschlag ausfallen. In der Tabelle drückt sich dies so aus, daß bei Schnittlängen über 1 m die Zeiten für die Einheit niedriger werden. Kreis- und Kurvenschnitte erfordern höhere Aufmerksamkeit und mehr Nebenarbeiten und sind entsprechend höher zu bewerten.

Tabelle 21. Lichtbogenschweißung.

Blechstärke mm	bis 4	6	8	10	13	16	20	25
Schweißfurche						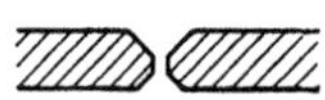		
Schweißzeit je m	12	20	27	45	65	95	125	140
Zuschläge je m: glatte Längsnaht	15	15	20	25	30	40	50	60
Zuschläge je m: glatte Rundnaht	25	25	28	32	40	50	60	70
Zuschläge je m: Krümmer	32	32	40	48	55	65	75	95
KW.Std. Gleichstrom je m	2	2,5	3,5	4,3	5,5	6,8	8,7	10
Elektrode: Ø	2—3	3	3	4	4	5	5	6
Elektrode: Verbrauch g/m	200	360	600	860	1400	1900	1850	2800

Die Tabelle ist analog der Autogenschweißtabelle aufgebaut. Die Schweißung von Blechen bis 3 mm Stärke gelingt nur sehr geübten Schweißern. Bei Blechen bis 5 mm Stärke genügt eine Raupenlage; darüber hinaus sind mindestens 2, bei stärkeren Blechen 3—4 Lagen erforderlich. Bis etwa 16 mm Stärke wird die V-Furche, darüber hinaus die X-Furche angewandt.

Ebenso wie bei der Tabelle für Autogenschweißung ist der Aufwand an Energie und Schweißmaterial in Durchschnittswerten vermerkt.

Eine Gegenüberstellung der Kosten von Autogen- und Lichtbogenschweißung zeigt die wirtschaftliche Überlegenheit der Lichtbogenschweißung bei höherer Blechstärke. Gleichwohl kann die

Autogenschweißung durch die Lichtbogenschweißung noch nicht verdrängt werden. Die durch Schmelzschweißung hergestellte Naht läßt die geforderten Festigkeits- und Dehnungseigenschaften einstweilen noch mit größerer Sicherheit erreichen.

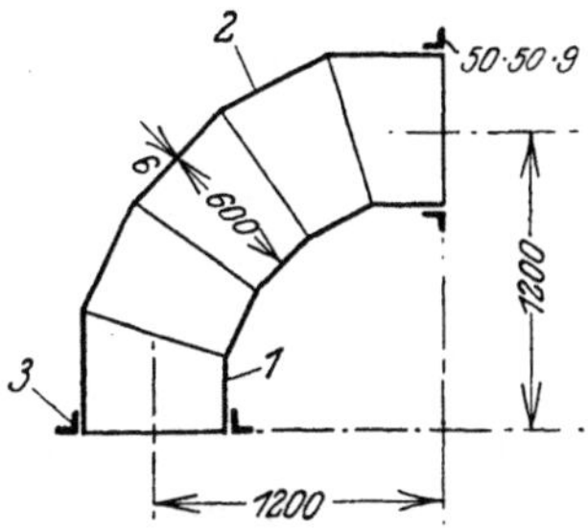

8. Beispiel: Ein Krümmer nach nebenstehender Skizze ist herzustellen:

Der Krümmer wird aus 3 großen Mittelsegmentblechen, 2 kleinen Endsegmentblechen und 2 ∢ Ringen elektrisch zusammengeschweißt.

Pos.	Gegenstand	Arbeitsvorgang	Min.
1+2	2 Segmentbleche	anzeichnen, je 60 Min.	120
	3 „	durchkörnen, je 15 Min.	45
	5 „	ausbrennen = 24 m je 8 Min. . .	192
	5 „	biegen, 3 je 40 u. 2 je 35 Min. . .	190
	5 „	Schweißkante anhauen = 24 m je 15 Min.	360
3	2 ∢ Eisen 50/50/9	absägen, je 4 Min.	8
	2 desgl.	je 1 Schenkel hobeln, 4 m je 8 Min.	32
	2 desgl.	biegen und nach dem Schweißen rund richten	300
	2 desgl.	zum Schweißen behauen, je 12 Min.	24
		schweißen, je 20 Min.	40
	2 desgl.	je 24 Schraubenlöcher bohren, je 1,1 Min.	53
1—3	1 Krümmer	komplett zus.heften und elektrisch schweißen = 2 m Längsnaht, je Meter 20 + 15 = 35 . . .	70
		6 Rundnähte = 11,5 m, je Meter 20 + 32 = 52	598
			2032 Min.
			= ∼ 34 Std.

Auftragearbeiten. Bei Reparaturen von Anfressungen an Kesseln kommen häufig Auftragearbeiten vor. Der Zeitbedarf läßt sich bei Berücksichtigung von etwa 30% Verlustzeiten und Nebenarbeiten (wie Hämmern und Bürsten der Raupen) aus der stündlichen Niederschlagsmenge, der Größe der Fläche und der Dicke der Schicht zurückrechnen. Die Niederschlagsmenge beträgt bei Verwendung einer Elektrode von 4—5 mm ⌀ nach Abzug des

Abbrandes etwa 1 kg je Stunde. Praktisch können bei Berücksichtigung der Arbeitsunterbrechungen demnach etwa 0,7 kg je Stunde niedergeschmolzen werden.

9. Beispiel: Ist beispielsweise eine korrodierte Stelle von 100 × 150 mm Ausdehnung in einer Dicke von 5 mm aufzutragen, so sind niederzuschlagen: $(1 \times 1{,}5 \times 0{,}05)\ \mathrm{dm}^3 \times 7{,}85\ \mathrm{kg/dm}^3 = 0{,}59$ kg. Hierzu sind erforderlich $\frac{0{,}59 \times 60}{0{,}70} = 50$ Min.

Die Einrichtezeit, wie Anfahren des Schweißaggregats, Anschließen der Leitungen, Reinigen der zu schweißenden Fläche, ist gesondert zu berücksichtigen.

Tabelle 22. Feuerschweißung.

a) **Schweißen von Längsnähten** bis 20 mm **„überlappt“.** Zeit je lfd. m in Minuten.

Durchmesser	Blechstärke 6	8	10	12	14	16	18	20	Zuschlag pro Arbeitsstück
300	300	330	360	400	450	520	580	640	120
400	310	330	375	420	470	540	600	660	
500	320	340	385	440	490	560	620	680	
600	330	350	400	460	500	580	640	700	
700	345	370	415	480	520	600	660	730	150
800	360	380	430	500	550	630	700	760	
900	375	390	450	520	580	660	730	780	
1000	390	410	480	540	610	710	770	820	
1200	400	425	500	560	630	740	800	850	180
1400	425	450	525	600	670	760	825	880	
1600	450	480	570	650	710	800	870	920	
1800	520	560	620	680	740	860	920	980	225
2000	600	640	670	720	800	920	1000	1050	

10. Beispiel: Es ist ein Flammrohrschuß, 800 l ⌀, 14 mm stark, 1800 lg., zu schweißen. Nach vorstehender Tabelle 1,8 × 550 = 990 Min.

Zuschlag . . . . . . 150 „

1140 Min. = 19 Std.

b) **Schweißen von Längsnähten „auf Keil“.** Blechstärke 22 bis 44 mm. Zeit je lfd. m in Minuten.

Durchmesser	Blechstärke 22	24	26	28	30	35	40	Zuschlag pro Arbeitsstück
500	1240	1330	1500	1570	1610	1880	2400	200
600	1250	1330	1500	1590	1650	1920	2480	
700	1270	1340	1510	1610	1700	2000	2560	
800	1280	1350	1520	1630	1800	2140	2650	

Schweißen von Längsnähten „auf Keil". (Fortsetzung.)

Durchmesser	Blechstärke 22	24	26	28	30	35	40	Zuschlag pro Arbeitsstück
900	1300	1380	1530	1670	1830	2170	2680	
1000	1330	1420	1540	1710	1850	2200	2700	250
1200	1370	1460	1560	1760	1880	2240	2730	
1400	1400	1500	1580	1780	1920	2270	2770	300
1600	1460	1540	1630	1800	1970	2300	2830	
1800	1500	1580	1670	1840	2020	2350	2860	350
2000	1550	1630	1720	1880	2080	2400	2900	

11. Beispiel: Es ist ein Kesselmantel, 1200 ⌀, 220 lang, 30 mm stark, zu schweißen. Nach vorstehender Tabelle 2,2 × 1880 = 4136 Min.

Zuschlag . . . . . . 250 „

4386 Min. = 73 Std.

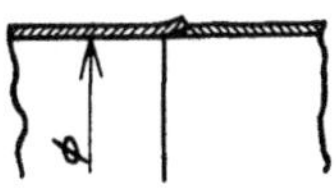

Feuerschweißung (Fortsetzung).

c) Schweißen von Rundnähten „überlappt" bis 20 mm.

Zeit in Minuten für eine Rundnaht.

Durchmesser	Blechstärke 6	8	10	12	14	16	18	20
300	580	600	630	680	740	830	910	990
400	680	720	790	860	950	1050	1150	1250
500	820	860	950	1050	1150	1300	1400	1550
600	980	1050	1150	1280	1380	1550	1700	1850
700	1200	1250	1350	1550	1660	1900	2050	2200
800	1400	1450	1570	1800	1970	2200	2450	2650
900	1600	1700	1800	2050	2300	2600	2850	3000
1000	1800	1900	2200	2400	2700	3100	3300	3500
1200	2250	2350	2700	3000	3350	3650	3800	4000
1400	2650	2800	3200	3500	3900	4300	4500	4800
1600	3200	3400	3900	4200	4600	5100	5300	5600
1800	3800	4100	4400	4700	5100	5600	6000	6300
2000	4800	5200	5500	5800	6200	7000	7500	7800

Einschweißen von Böden wie unter Tabelle 22c.

12. Beispiel: Es sind an einem Behälter von 4 m Länge, 800 ⌀, aus 10-mm-Blech eine mittlere Rundnaht und ein Boden einzuschweißen.

1 Rundnaht schweißen, 800 ⌀, Blechstärke 10 . . 1570 Min.

1 Boden schweißen, 800 ⌀, Blechstärke 10 . . . . 1570 „

3140 Min. = 52 Std.

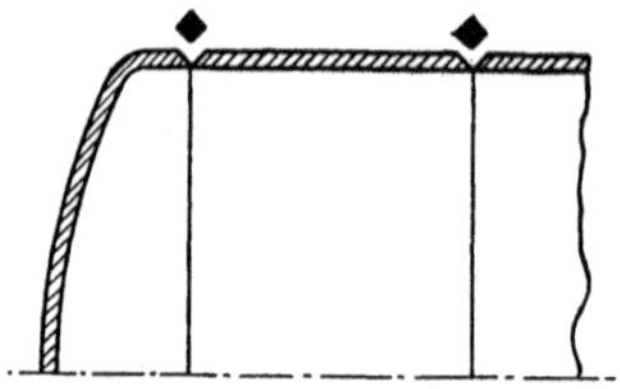

d) Schweißen von Rundnähten und Böden „auf Keil“.

Zeit in Minuten für eine Rundnaht.

Durchmesser	Blechstärke						
	22	24	26	28	30	35	40
500	2200	2400	2600	2700	2800	3300	4000
600	2600	2800	3050	3250	3400	3900	4900
700	3000	3150	3500	3750	3950	4600	5900
800	3600	3750	4150	4400	4900	5800	7000
900	4000	4200	4500	5000	5400	6400	7800
1000	4500	4800	5200	5800	6200	7400	9000
1200	5500	5800	6200	7000	7400	8800	10500
1400	6500	6900	7300	8200	8800	10300	12500
1600	7600	8000	8500	9400	10300	11500	14500
1800	9000	9400	9800	10700	11700	13800	16500
2000	10500	10800	11500	12500	14000	16000	18000

13. Beispiel: An einem Behälter von 1000 l ⌀ und 26 mm Blechstärke ist ein Boden und eine Rundnaht auf Keil zu schweißen.

1 Rundnaht nach Tabelle, 1000 ⌀, 26 mm . . . . 5200 Min.
1 Boden nach Tabelle, 1000 ⌀, 26 mm . . . . . . 5200 „

10 400 Min. = 173 Std.

Die Feuerschweißung (Tabelle 22). Der Feuerschweißung sind in der Autogen- und Lichtbogenschweißung, insbesondere aber in der Wassergasschweißung gefährliche Konkurrenten erwachsen. Trotzdem ist ihr noch ein beschränktes Gebiet eingeräumt geblieben, und die Feuerschweißung hat heute noch in jeder Kesselbauwerkstatt ihre wenn auch stark geschmälerte Berechtigung.

Die Ausführung der Nahtschweißung im Feuer erfordert von den Schweißern ein hohes Maß persönlicher Geschicklichkeit und Schulung. Als einer der reinsten Formen der Handarbeit haften ihr alle Schwierigkeiten bei Erfassung des Zeitbedarfs an, und je nach Tradition und Schulung der Leute werden von Werk zu Werk nicht unwesentliche Schwankungen der Akkorde zu verzeichnen sein.

Die Grenzen zwischen Haupt-, Neben- und Verlustzeiten sind sehr fließend, die Trennung dieser Zeiten ist kaum in allgemein gültiger Weise möglich.

Auf die Rolle der Nebenarbeiten bei der Bestimmung des Gesamtzeitbedarfs sind zudem die vorhandenen Einrichtungen (Handarbeit oder Verwendung von mechanischen Hämmern und Pressen und Vorrichtungen zum Lagenwechsel des Werkstücks), der Grad der Spezialisierung (Spannvorrichtungen, Werkzeuge und Spezialambosse) von wesentlichem Einfluß.

Die vorstehenden Tabellen gelten für Einzelfertigung und Handarbeit. Sie zeigen die zwei wichtigsten Schweißverfahren: die Überlappt- und die Keilschweißung bei Rund- und Längsnähten. Der Zeitbedarf für die hier und da vorkommende Stumpfschweißung (Eckschweißung) liegt etwas unter dem der Überlapptschweißung; wegen der schädlichen Biegungsbeanspruchungen trachtet man sie so weit als möglich zu umgehen.

Die Überlapptschweißung spielt sich folgendermaßen ab: Feuer und Amboß werden in Anpassung an Form und Größe des Werkstücks vorbereitet, Spannwerkzeuge, z. B. eingesetzte Spannkreuze mit Führungsgabeln hergerichtet und angepaßt, das Werkzeug wird griffbereit gelegt und die Einteilung der Leute vom Kolonnenführer vorgenommen.

Die Überlappung ist bereits in der Weise vorgerichtet, daß die innenliegende Kante unter etwa 45 angehobelt, die äußere hingegen unbearbeitet geblieben ist. In der ersten Wärme wird diese unbearbeitete Kante mit dem Meißel abgeschrägt und die Naht der späteren Rundung gemäß vorbereitend angerichtet. Bei der eigentlichen Schweißwärme bedeckt der Schmied die dem Feuer abgekehrte Seite mit einer Lehmschicht (Zweck: Erzielung einer Wärmestauung bis auf Schweißhitze). Die Schicht hebt man bei Entfernung des Feuers ab, worauf die eigentliche Schweißarbeit ihren Gang nimmt. In der Regel ist die Schweißung in einer Schweißhitze beendet. Die Naht wird so stückweise fortschreitend fix- und fertiggestellt.

Der Zeitbedarf für Keilschweißung ist wesentlich höher. Für das Mehr ist die Behandlung des Keiles ausschlaggebend, der durch einen besonderen Mann im getrennten Feuer warm gemacht werden muß. Hier ist schon bei der ersten Wärme für Werkstück und Zusatzmaterial Schweißhitze erforderlich. Es wird nur ein so kurzes Keilstück abgehauen, als mit Sicherheit in einer Hitze eingeschweißt werden kann. Die Schweißung wird ebenfalls stückweise fertiggestellt.

In der Tabelle für Schweißen von Längsnähten durch Überlappt- oder Keilschweißung, welche auf den Meter Naht bezogen sind, war die Einrichtezeit getrennt aufzuführen. Unabhängig von der Länge der Naht ist je Arbeitsstück die in der letzten Spalte verzeichnete Zeit dem Akkord zuzuschlagen.

Die Zahl der Kolonnenmitglieder richtet sich nach Art und Schwierigkeit der Schweißung. Ihre Mindestzahl ist drei. Im übrigen ist die Zeit der Tabellen unabhängig von der Zahl der Leute.

Tabelle 23. Zusammenbauarbeiten.

a) Kessel und Apparate mit Überlappungsnietung.

⌀ bis	Blechstärke	zum Bohren zusammenbauen	auseinandernehmen	entgraten	zum Nieten zusammenbauen	anrichten	aufreiben	Böden einbauen	∢ Ring aufziehen
	6	60	20	20	60	90	40	70	60
400	8	70	25	20	70	100	45	80	70
	10	80	30	20	80	110	50	90	80
	6	75	25	25	70	110	50	80	70
600	8	90	30	25	80	125	65	90	80
	10	100	35	25	95	150	70	100	90
	8	90	30	30	80	140	90	90	80
800	10	110	35	30	95	160	100	100	90
	12	130	40	35	105	180	120	120	100
	10	120	45	40	100	180	120	130	120
1000	12	150	50	45	120	200	150	160	140
	15	180	60	45	150	220	180	180	160
	10	160	65	50	130	210	170	180	150
1500	15	190	70	60	150	240	200	210	170
	20	220	80	60	180	300	240	240	200
	10	210	75	80	160	250	200	240	210
2000	15	240	90	90	190	300	250	270	230
	20	270	100	90	220	330	300	300	250
	10	250	95	100	210	320	240	300	250
2500	15	300	105	110	250	380	300	360	270
	20	360	120	120	300	450	350	420	320
	10	330	100	100	280	360	300	360	300
3000	15	360	120	120	330	450	370	420	350
	20	420	150	140	360	540	420	480	400

b) Kessel und Apparate mit Laschennietung.

Ø bis	Blechstärke	zum Bohren zusammenbauen einschließlich Laschen anschrauben	nach dem Bohren auseinandernehmen	entgraten	zum Nieten zusammenbauen	anrichten	aufreiben	Boden einziehen	∢ Ring aufziehen
1000	10	160	50	40	120	220	200	150	140
	12	190	55	45	140	250	230	170	160
	15	210	60	50	170	280	260	180	170
1200	10	180	60	50	130	240	230	170	160
	15	200	70	55	160	280	270	200	180
	20	240	85	65	180	330	290	230	210
1500	10	210	70	60	150	270	260	200	180
	15	240	85	70	180	300	300	230	210
	20	270	100	75	200	370	350	260	230
2000	10	260	110	90	180	300	320	260	240
	15	300	125	100	210	350	400	300	270
	20	330	135	110	250	390	450	320	300
2500	10	300	120	110	230	400	370	320	300
	15	360	135	125	280	450	440	380	350
	20	420	150	140	320	550	520	450	400
3000	10	400	130	120	300	450	420	420	400
	15	440	150	140	360	550	500	480	450
	20	500	170	160	420	650	600	540	500

c) Behälter und Apparate für geringen Druck.

(Die Bleche sind in ebenem Zustand gebohrt oder gelocht.)

Ø bis	Blechstärke	Bleche entgraten	Schüsse zusammenbauen	anrichten	aufreiben	Böden einbauen	∢ Ringe aufziehen
600	6	20	60	90	40	70	60
	8	20	70	100	50	80	70
	10	20	80	120	60	90	80
800	8	25	80	120	60	80	70
	10	25	85	140	75	90	80
	12	30	90	150	90	100	90
1000	10	30	90	160	95	100	90
	12	35	100	170	110	115	100
	15	40	110	190	130	130	110
1500	10	40	110	180	130	150	130
	12	45	130	200	150	160	140
	15	50	160	230	200	180	160
2000	10	60	140	210	160	200	180
	12	70	170	240	200	220	200
	15	80	200	270	250	240	220

⌀ bis	Blechstärke	Bleche entgraten	Schüsse zusammenbauen	anrichten	aufreiben	Büden einbauen	∢ Ringe aufziehen
2500	10	80	200	260	230	260	240
	12	90	220	300	260	280	260
	15	100	270	340	300	320	280
3000	10	100	260	320	280	320	300
	12	115	300	370	320	350	320
	15	130	330	420	360	380	350

Zusammenbauarbeiten (Tabelle 23). Die Bemessung der Akkorde für Zusammenbauarbeiten ist ein außerordentlich schwieriges Kapitel, weil sich kaum ein rechnerischer Anhalt für diese zu den reinsten Formen der Handarbeit gehörende Tätigkeit ergibt. Der Zeitbedarf ist zudem sehr stark von den vorhandenen Einrichtungen und — insbesondere beim Anrichten — von der Güte und Genauigkeit der Arbeit abhängig. Im selben Maße als die Zusammenbauarbeit schwieriger wird, je strenger die Schüsse, Böden und Winkelringe ineinanderpassen, wird die Anrichtearbeit einfacher und die Gesamtqualität der Arbeit höher. Bei der glatten Längsnaht sollte die Anrichtearbeit überhaupt gering sein; die Tabellen konnten sich daher unter Annahme üblicher Schußbreiten auf die Gliederung nach Durchmesser und Blechstärke beschränken. Die Spalte „Aufreiben“ muß bei genauer Kalkulation gesondert berechnet werden.

Die hier verzeichneten Werte gelten bei durchschnittlichen Verhältnissen und überschlägiger Rechnung für Schüsse, Böden und Winkelringe. Das Anrichten bei Schüssen erstreckt sich jeweils auf eine Rundnaht, eine Längsnaht und die zugehörigen Wechsel. Bei Böden und Winkelringen wird hier unter Vernachlässigung der Längsnaht die gleiche Zeit zugrunde gelegt.

Ein Beispiel veranschaulicht am besten die Anwendung der Tabelle.

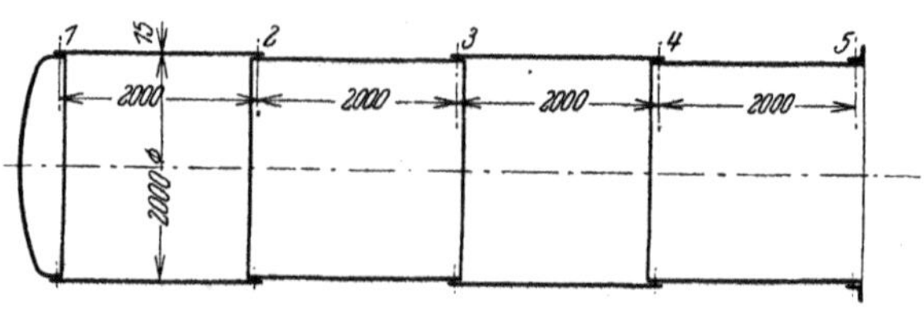

Abb. 5.

14. Beispiel: Der in Abb. 5 gezeichnete Körper soll zum Nieten zusammengebaut werden.

4 Schüsse = 3 Rundnähte, 2, 3 u. 4, zum Bohren
zusammenbauen . . . . = 3 × 240 = 720 Min.
1 Boden 1 zum Bohren zus.bauen . . . = 1 × 270 = 270 „
1 ∢ Ring 5 zum Bohren zus.bauen . . = 1 × 230 = 230 „
4 Schüsse, 1 Boden und 1 ∢ Ring nach
dem Bohren auseinandernehmen . . = 5 × 90 = 450 „
4 Schüsse, 1 Boden u. 1∢Ring entgraten = 5 × 90 = 450 „
4 Schüsse = 3 Rundnähte 2, 3 u. 4, zum
Nieten zusammenbauen . . . . . = 3 × 190 = 570 „
1 Boden zum Nieten zusammenbauen . = 1 × 230 = 230 „
1 ∢ Ring zum Nieten zus.bauen . . . = 1 × 230 = 230 „
5 Rundnähte 1, 2, 3, 4 u. 5 und 4 Längs-
nähte anrichten . . . . = 5 × 300 = 1500 „
Alle Nähte aufreiben . . . . = 5 × 250 = 1250 „

5940 Min. = 99 Std.

Übersicht: 1 Kessel zum Bohren zusammenbauen = ... 20,3 Std.
1 Kessel nach dem Bohren auseinandernehmen und
entgraten . . . . 15 „
1 Kessel wieder zusammenbauen, anrichten und die
Nietlöcher um 1 mm aufreiben 63,7

99 Std.

Tabelle 24. Aufreiben von Nietlöchern.

Gesamt-Blech-stärke	Niet-∅: 13	16	19	22	25	28	31
12	80	100	120	140	160	175	210
15	85	105	130	150	170	185	220
18	90	110	135	160	180	195	230
20	100	120	140	170	190	210	240
23	110	130	150	180	200	230	250
27	120	140	165	190	210	240	265
30	135	155	175	200	220	250	280
35	150	170	190	210	230	260	300
40	165	180	200	220	240	270	320
45	180	200	220	240	265	300	340
50	200	220	240	260	290	330	360

Das Aufreiben der um 1 mm kleiner gebohrten Nietlöcher geschieht sowohl im Anschluß an das Bohren an der stationären Maschine, als auch — was als der häufigere Fall hier behandelt wird — mit Hilfe von Preßluft-Handbohrmaschinen. Zur Erzielung einwandfreier Löcher läßt man in der Regel zwei Mann angreifen.

Die Lochreihen müssen zweimal durchgegangen werden: einr mal zum eigentlichen Aufreiben, das andere Mal — und zwa. außen und innen — zum Entgraten und leichten Ansenken.

An Nebenarbeiten sind zu leisten: das Wechseln der Heftschrauben und Schlagen der Dorne; das Wenden der Arbeitsstücke.

Abb. 6. Aufreiben (Ruthsspeicherbau).

Von einem sauberen Nietloch hängt viel für die Dichtigkeit der Naht ab. Es empfiehlt sich daher, besonders bei hoch beanspruchten Nähten die Akkorde nicht zu knapp zu setzen und dafür einwandfreie Arbeit zu verlangen.

Abb. 6 zeigt die Ausführung des Reibens an einer schweren dreireihigen Überlappungsnaht. Man sieht die große Zahl der Heftschrauben, die sämtlich umgesetzt werden müssen. Auch einer der zur Verhinderung der gegenseitigen Verschiebung der Schüsse geschlagenen Dorne ist zu sehen.

Tabelle 25. Nieten.

Die Arten der Nietung sind bekannt. Man unterscheidet grundsätzlich zwischen

1. Handnietung,
2. Maschinennietung.

Die Maschinennietung wird in verschiedener Weise ausgeführt:

a) Preßluftnietung, drückende, hämmernde,
b) elektrische Nietung } nur drückend.
c) hydraulische Nietung }

Die Maschinen für drückende Nietung werden in verschiedenen Sonderbauarten stationär und beweglich ausgeführt. Der wichtigste Vertreter der hämmernden Nietung ist der Preßlufthammer.

Die Handnietung beschränkt sich auf jene Nähte, welche der Maschine nicht zugänglich sind, und auf so große Nietstärken,

Abb. 7. Handnietung (Ruthsspeicherbau).

daß die Stauchwirkung des Preßlufthammers nicht ausreicht und durch die wuchtigeren Vorhammerschläge ersetzt werden muß.

Einen solchen typischen Fall zeigt Abb. 7. Man sieht hier

Tabelle 25 a. Nieten.

Niet Ø	Glatte Nietarbeiten						Stutzennietungen			
	von Hand		mit Preßlufthammer				Stahlguß		Gußeisen m. Stemmscheibe	
			Halbrundkopf		Versenkkopf					
	Leistg. je Std.	Min. je Niet	Leistg. je Std.	Min. je Niet	Leistg. je Std.	Min. je Niet	Leistg. je Std.	Min. je Niet	Leistg. je Std.	Min. je Niet
10	70	3	85	2	80	2,2	—	—	—	—
13	62	4	75	2,5	70	2,5	45	4	28	6,5
16	55	4,5	68	2,7	58	3,2	37	5	24	7,5
19	48	5	60	3	42	4,5	30	6	22	8,5
22	40	7,5	50	3,5	32	5,8	22	8	18	10
25	35	8,5	45	4	26	7	19	9,5	16	11,5
28	30	12	38	4,7	22	8	16	10,5	14	13
31	25	15	30	6	18	10	14	13	12	15

Tabelle 25b. Einige Einzelfälle (Preßlufthammernietung).

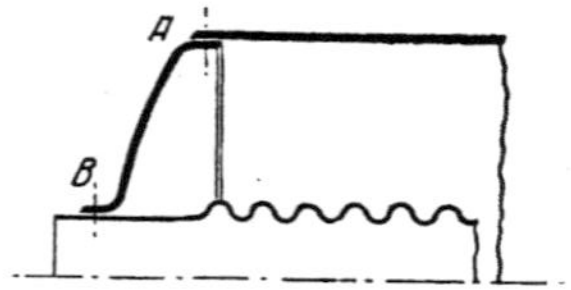

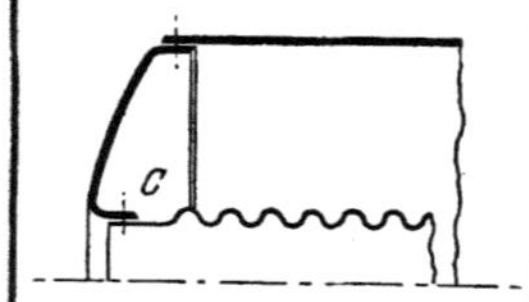

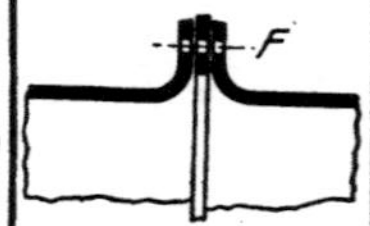

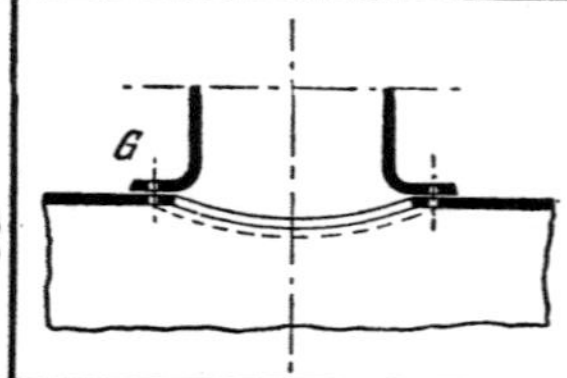

Niet ⌀	Fall A Vorderböden einnieten		Fall B Flammrohrenden einnieten		Flammrohrenden einnieten		Wellrohre zusammennieten		Flammrohre zusammennieten		Domkrempen annieten	
	Leistg. je Std.	Minuten je Niet	Leistg. je Std.	Minuten je Niet	Leistung je Std.	Minuten je Niet	Leistung je Std.	Minuten je Niet	Leistung je Std.	Minuten je Niet	Leistung je Std.	Minuten je Niet
13	34	7,5	40	4,5	30	8	—	—	—	—	50	3,5
16	30	8	35	5	26	9	50	3,6	40	4,5	42	4,2
19	25	9,5	30	6	22	11	45	4	34	5,5	36	5
22	20	12	27	6,5	18	13	40	4,5	32	6	30	6
25	17	14	25	7	15	16	37	5	28	6,5	25	7,2
28	15	16	22	8	12	20	34	5,5	24	7,5	20	9
31	12	20	20	9	9	25	30	6	18	10	15	12
	4 Mann		3 Mann		4 Mann		3 Mann		3 Mann		3 Mann	

einen Nieter und drei Zuschläger auf der Rüstung sowie den Nietwärmer. Der Vorhalter ist verdeckt und wird mit besonderen Schwierigkeiten wegen der schlechten Abstützungsmöglichkeiten für die Nietwinde zu kämpfen haben. Die erforderliche Rüstung ist so umfangreich, daß sie nicht mehr als normal bezeichnet werden kann, ebenso werden die Nebenarbeiten durch Wenden des Kugelbodens recht erheblich sein. Die Tabellenwerte wären in einem solchen Falle vor Weitergabe nachzuprüfen.

In unserer Zeittabelle ist die Zahl der Kolonnenteilnehmer wie folgt angenommen:

Bei Niet-⌀		19	1 Nieter,	1 Zuschläger,	1 Vorhalter,	1 Wärmer
„	„	21—25	1 „	2 „	1 „	1 „
„	„	28—31	1 „	3 „	1 „	1 „

Die Preßlufthammernietung gestattet nicht nur eine höhere Nietleistung als die Handnietung, sondern ist auch wegen der geringeren Zahl der erforderlichen Leute (durchweg drei) wirtschaftlicher als diese. Sie hat sich im Kesselbau ein recht ausgedehntes Gebiet erobert. Nicht nur die der Maschine unzugänglichen Stellen werden damit genietet, sondern auch normale Längs- und Rundnähte, sofern die Nietstärke und der Betriebsdruck des Kessels dies gestatten. Im Apparate- und Behälterbau kann mit der Lufthammernietung durchweg das Auskommen gefunden werden.

Bei der Bemessung der Akkorde darf selbstverständlich nicht die Zeit von Nietloch zu Nietloch allein zugrunde gelegt werden. Es gehören dazu: Einrichtezeiten, das Herbeischaffen der Werkzeuge und Nieten, Anschließen der Luftschläuche, Heranschaffen des Nietwärmfeuers, Bauen der erforderlichen Rüstungen, Abrüsten nach erfolgter Nietung (sofern die Rüstung nicht für die nachfolgende Stemmarbeit benötigt wird); Nebenarbeiten während des Nietens, das Auswechseln der Heftschrauben, das Wenden der Werkstücke.

Die reinen Stauchzeiten bei Verwendung von Preßluft mit 6—7 at sind folgender Zahlenreihe entnommen.

Niet-⌀	10	13	16	19	22	25	28
Zeit in Sekunden	4	5	6	7	9	11	14

Es ist selbstverständlich nicht möglich, eine allgemein gültige Regel für die Höhe der Einrichte- und Nebenzeiten zu geben. Der Kalkulator wird im Sonderfall vor die Notwendigkeit gestellt sein, den Aufwand für erforderliche Rüstungen und Nebenarbeiten nach Größe und Art des zu nietenden Körpers neu abzuschätzen. Um trotzdem brauchbare Akkordzeiten bringen zu können, wurde bei Aufstellung eine sogenannte normale Rüstung (bestehend etwa aus 2—3 Böcken mit darüber gelegten Brettern, welche nach Bedarf verlegt werden können) den Tabellen zugrunde gelegt. Die Rubrik „Glatte Nietarbeiten mit Preßlufthammer" gestattet demnach die direkte Ablesung der Akkorde für normale Reihennietungen bei Nietzahlen um 100.

Für die Nietdurchmesser 19 und 25 sei der zur Gewinnung der Tabellenwerte führende Rechnungsgang aufgezeichnet.

15. Beispiel: Niet-⌀ 19, Lochzahl 100, in jedem 4. Loch eine Heftschraube.

Einrichtezeit: Herbeischaffen der Werkzeuge und Nieten, Nietwärmfeuer herrichten, Luftschläuche anschließen, Rüstung bauen und verlegen, abrüsten, 3 Mann zus. etwa . . . . 50 Min.

Grundzeit: Niet zureichen . . . 5 Sek.
Niet durchstecken . . 4 „
Winde spannen . . . 6 „
Stauchzeit . . . . . 7 „
Winde lösen, weiterrücken . . . . . 6 „

28 Sek. × 100 = 2800 Sek.

Besondere Nebenzeiten:

25 Heftschrauben umsetzen, je 15 Sek. . . . . 375 „
6 mal wenden, je 180 Sek. . . . . 1080 „

Verlustzeiten: 15% von 2800 + 375 + 1080 = . . 700 „

4955 Sek.

Entsprechend 82,6 Minuten × 3 (3 Mann) . . . . 248 „

298 Min.

Je Niet sind also rund 3 Minuten vorzugeben (vgl. Tabelle 25).

16. Beispiel: Niet-⌀ 25, Lochzahl 100.

Einrichten (wie Beispiel 15) . . . . etwa			60 Min.
Grundzeit: Niet zureichen	5 Sek.		
Niet durchstecken . . .	6 „		
Winde spannen	7 „		
Schlagzeit	11 „		
Losspannen, weiterrücken	7 „		
	36 Sek. × 100 =	3600 Sek.	
Besondere Nebenarbeiten:			
25 Heftschrauben umsetzen, je 18 Sek.		450 „	
6 mal wenden, je 300 Sek.		1800 „	
Verlustzeit: etwa 15% von (3600 + 450 + 1800) . .		880 „	
		6730 Sek.	
Entsprechend 112,2 Minuten × 3 (3 Mann)			337 „
		Sa.	397 Min.

Je Niet sind rund 4 Minuten vorzugeben (vgl. Tabelle 25).

Einige Sonderfälle von Nietungen sind in den folgenden Spalten aufgeführt. Stutzennietungen erfordern im allgemeinen keine besondere Rüstung. In den Werten bei den Flammrohrkesselnietungen drückt sich die Schwierigkeit der Nietung jeweils in Zeitbedarf aus. Im Fall A ist außer dem Nietwärmer, dem Vorhalter und dem Nieter noch ein Helfer erforderlich. Das Niettempo verlangsamt sich, je enger der Zwischenraum zwischen Mantel und Flammrohr wird. An den engsten Stellen kann nur mit besonderen Hilfsmitteln gegengehalten werden.

Abb. 8. Nieten mit Preßlufthammer (Werkzeug: Niles Werke, Berlin).

Der Fall B ist verhältnismäßig einfach mit 3 Mann zu erledigen, doch muß während des Nietens öfters gewendet werden. Im allgemeinen wird man solche Nietungen jedoch mit der Maschine ausführen.

Im Fall C sind ähnliche, ja größere Schwierigkeiten zu überwinden als im Fall A. Das Nieten muß in schwieriger Haltung vom Inneren des Flammrohres aus geschehen. Das Nieten von Wellrohren (Fall E) gehört zu den einfachen Fällen. Im Fall F (Adamsonsche Verbindung von Flammrohren) ist das Gegenhalten — sofern keine Maschine mit entsprechend kurz konstruiertem Kopf vorhanden ist — nur so möglich, daß 2 Mann sich gegenstemmen.

Bei den Zeiten für Domkrempen (Fall G) ist vorausgesetzt, daß das Nieten unter Verwendung der für die Hauptnähte aufgestellten Rüstung geschehen kann.

Abb. 8 zeigt normale Nietarbeiten an einer Lokomotivfeuerbuchse. Die Buchse ist hier (was allerdings nur undeutlich erkennbar ist) auf Rüstböcke zwecks allseitiger Zugänglichkeit des Feuerbuchsringes aufgelegt. Solche normale Rüstarbeiten sind in den Akkorden der Tabelle eingeschlossen gedacht. Man ersieht die Haltung des Nieters und des Vorhalters.

Abb. 9. Nieten mit Preßlufthammer (A. Borsig, Berlin).

Auf Abb. 9 ist der Nieter allein zu sehen. Vor ihm liegt ein Ersatzdöpper, ebenso ist ein Wassereimer zum Kühlen des heißgewordenen Döppers zu sehen — auch eine der normalen Unterbrechungen der Nietarbeit. Die rings um den Mantel laufende, gut mit Geländerstützen ausgebaute Rüstung kann nicht mehr als normale Rüstung in unserem Sinne bezeichnet werden. Hier wird als besondere Einrichtezeit ein Erfahrungssatz für Gerüstban dem Akkord zugeschlagen werden müssen.

Nieten mit beweglichen und feststehenden Maschinen.

Bewegliche, am Kran hängende Nietmaschinen werden heute meist mit einer Universalaufhängung versehen, die es gestattet, den Nietreihen rascher zu folgen, als es sonst durch Wenden der Stücke möglich wäre.

Tabelle 25c. Nieten mit beweglicher Maschine.

Niet ∅	16	19	22	25	28	31	34
Leistung je Std.	70	65	60	55	52	48	45
Min. je Niet	2,6	2,8	3	3,2	3,5	3,8	4

Die reine Stauchzeit ist im Vergleich zur Schließzeit gering (etwa 2 sek.); die Schließzeit wird durch die Dauer des Schließdruckes ausschlaggebend beeinflußt, welcher nach erfolgter Stauchung auf dem Nietkopf bis zu seinem Erkalten lasten bleiben muß. Das ist nötig, um mit Sicherheit zu erreichen, daß der Niet nach Freigabe den beim Nieten hervorgerufenen Gegendruck der Bleche auch aufnehmen kann.

Die Schließzeiten für hydraulische Nietung sind etwa folgender Zahlenreihe zu entnehmen:

Niet-∅	16	19	22	25	28	31	34
Schließzeit Sek.	14	16	19	22	25	27	30

Bei der Ausführung von Nietungen mit beweglichen Maschinen ist normalerweise keine oder nur eine ganz einfache Rüstung erforderlich.

Abb. 10 zeigt die Ausführung von Mantelnietungen mit einer universalbeweglichen Nietmaschine. Die Rüstung ist als einfach zu bezeichnen. Rechts seitlich greift der Kranhaken zum Wenden der Trommel an; die kleineren Verschiebungen und Drehungen übernimmt die Maschine. Auch hier ist wieder die erhebliche Zahl von Heftschrauben zu sehen, deren Lösen und Umsetzen den Fluß der eigentlichen Nietarbeit verzögert.

Stationäre Nietmaschinen in der Nietgrube mit hängender Anordnung der zu nietenden Schüsse lassen infolge der ständigen Bereitschaft, des Fortfalls jeglicher Rüstungen und des leichten

Bewegens der Schüsse noch höhere Stundenleistungen erreichen. Die Bewertung solcher Anlagen sowie der Sondernietmaschinen für Bodennietungen usw. ist jedoch von der Zweckmäßigkeit der Einrichtung so weit abhängig, daß hier auf eine allgemeingültige Darstellung verzichtet werden konnte.

Abb. 10. Nieten mit beweglicher Nietmaschine (Ruthsspeicherbau).

17. Beispiel: Ein Behälter von 2000 ⌀ und 10 m zyl. Länge bei 8 mm Blechstärke ist zu nieten. Er ist mit einem Dom und 4 Gußstutzen versehen. Nieten im Mantel 1200 Stück 16 ⌀. Nieten im Dom 80 Stück 16 ⌀. Nieten in den Gußstutzen 64 Stück 19 ⌀.

Mantel: Lufthammernietung, glatte Nietarbeit, 1200 · 2,7 = 3270 Min. = 54 Std. einschließlich aller Nebenarbeiten und Gerüstbau.

Domnietung: 80 Nieten 16 ⌀, je 4,2 = 336 Min. = 5,6 Std. Die Zeit gilt unter der Voraussetzung, daß die Rüstung für Mantelnietung Verwendung finden kann.

Stutzennietung: 64 Nieten 19 ⌀, je 8,5 = 544 Min. = 9,1 Std. Irgendein Zuschlag für Rüstungbau ist nicht erforderlich, die Stutzen können von innen oder von der Seite her ohne Rüstung genietet werden.

Tabelle 26. Zahlentafeln für Kesselnietungen[1].

A. Überlappungsnietung.

a) Einreihige Rundnaht und einreihige Längsnaht.

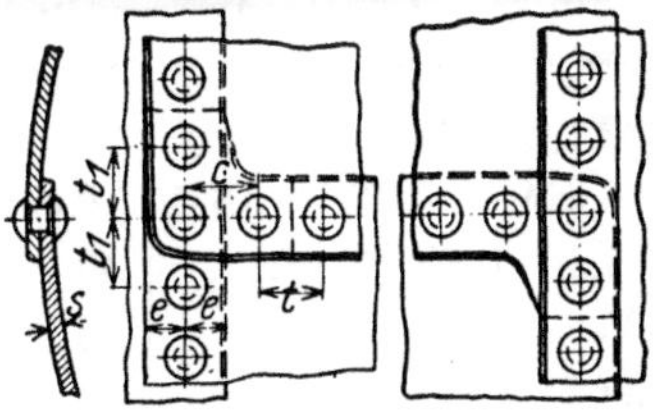

$K_z = 3600$ kg/cm²

$\mathfrak{S} = 4{,}5, \; n = 1$

$k_n = 700$ kg/cm²

Abb. 11.

$$s = \frac{D p \mathfrak{S}}{2 \varphi K_z} + 0{,}1 \text{ cm}$$

$$\sigma_z = \frac{D p}{2 \varphi s}$$

$$\sigma_n = \frac{D p t}{2 n q}$$

s	von . . . . . mm	6	7	8	10	12	15
	bis . . . . . mm	7	8	10	12	15	18
d . . . . . mm		11	14	17	20	23	26
q . . . . . cm²		0,95	1,54	2,27	3,14	4,5	5,31
weite Teilung	t . . . . . mm	30	36	42	48	54	60
	φ	0,635	0,612	0,595	0,583	0,574	0,567
enge Teilung	t . . . . . mm	26	32	38	44	50	56
	φ	0,578	0,563	0,553	0,545	0,54	0,536
e . . . . . mm		17,5	22	27,5	30	34,5	39
c . . . . . mm		37,5	45	52,5	57,5	—	—

b) Zweireihige Längsnaht und einreihige Rundnaht.

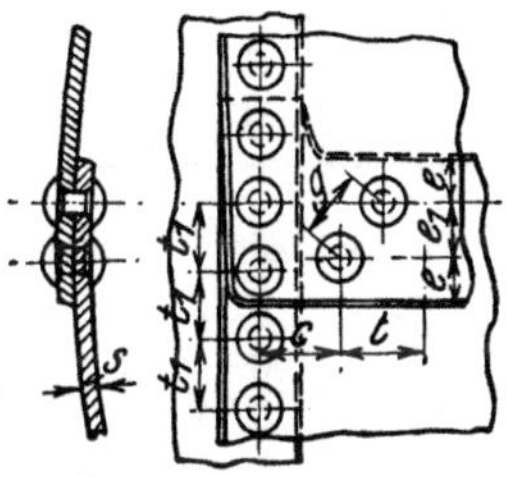

K_z, $\mathfrak{S}$ = wie oben;

$k_n = 650$,

$n = 2$;

s, σ_z, σ_n = wie oben

Abb. 12.

s	von . . . . . mm	7	8	10	12	15
	bis . . . . . mm	8	10	12	15	19
d . . . . . mm		14	17	20	23	26
q . . . . . cm²		1,54	2,27	3,14	4,15	5,31
weite Teilung	t . . . . . mm	52	59	67	75	83
	φ	0,73	0,712	0,7	0,694	0,687

[1] Verkürzt entnommen aus Spalkhaver-Schneiders-Rüster, Die Dampfkessel. Berlin: Julius Springer 1924.

Zweireihige Längsnaht und einreihige Rundnaht.
(Fortsetzung)

s	von mm	7	8	10	12	15
	bis mm	8	10	12	15	19
enge Teilung	t	46	52	60	68	78
	φ mm	0,695	0,674	0,667	0,661	0,658
e	mm	22	27,5	30	35	40
e_1	mm	30	35	39	43	48
c	mm	45	52,5	57,5	67,5	75

c) Dreireihige Längsnaht und einreihige bzw. $1^1/_2$ fache Rundnaht.

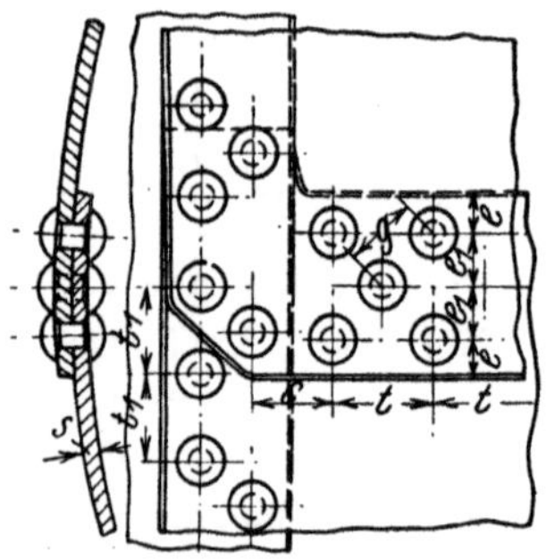

Abb. 13.

K_z, $\mathfrak{S}$, s, σ_z, σ_n = wie bei a);
$k_n = 600$,
$n = 3$

s	von mm	8	10	12	15	19
	bis mm	10	12	15	19	22
d	mm	17	20	23	26	29
q	cm²	2,27	3,14	4,15	5,31	6,61
weite Teilung	t mm	72	82	91	100	109
	φ	0,764	0,757	0,747	0,74	0,734
enge Teilung	t mm	66	76	86	95	104
	φ	0,744	0,735	0,733	0,727	0,721
e	mm	27,5	30	35	40	42,5
e_1	mm	33	38	42,5	48	52,5
c	mm	52	59	67,5	75	80

Nietdurchmesser		23	26
t_1 der Rundnaht	einfach	52	57
	$1^1/_2$ fach	64	74

B. Doppellaschennietung.

a) Zweireihige Längsnaht und zweireihige Rundnaht.

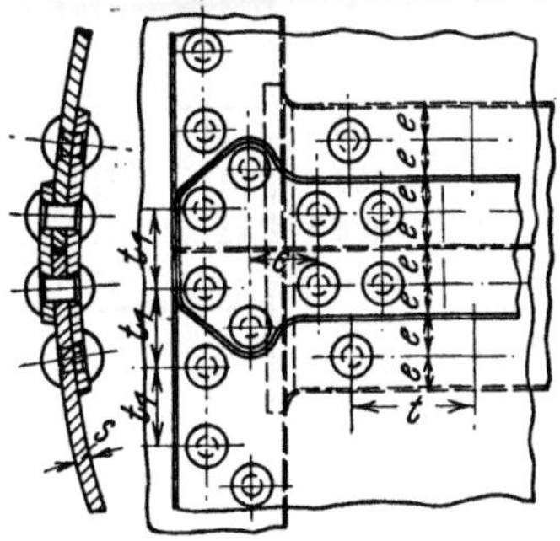

Abb. 14.

$K_z = 3600$ kg/cm²
$\mathfrak{S} = 4{,}1$, $k_z = 880$ kg/cm²
$k_n = 1200$ kg/cm²
$n = 3$

$$\varphi_I = \frac{t-d}{t}$$

$$\varphi_{II} = \frac{t-2d}{t} + \frac{1 \cdot q \cdot 700}{t \cdot s \cdot k_z}$$

$$s = \frac{D \cdot p\,\mathfrak{S}}{2\,\varphi\,K_z} + 0{,}1 \text{ cm}$$

$$\sigma_z = \frac{Dp}{2\,s\,\varphi}$$

$$\sigma_n = \frac{\frac{Dpt}{2} - 1\,q \cdot 700}{(n-t)\,q}$$

s	von ... mm bis ... mm	11 14	14 18	18 21
d	... mm	20	23	26
q	... cm²	3,14	4,15	5,31
weite Teilung	t ... mm	110	124	140
	φ_I ...	0,82	0,815	0,817
	φ_{II} ...	0,82	0,815	0,817
enge Teilung	t ... mm	102	116	130
	φ_I ...	0,804	0,8	0,8
	φ_{II} ...	0,806	0,81	0,81
e	... mm	30	35	40
c	... mm	60	70	78
t_1 doppelte Rundnaht	... mm	64	73	80

Fortsetzung der Tabelle 26 auf S. 74.

Tabelle 27. Für die Art der Nietungen, die Blech-

	Kesselmantel Durchmesser mm	Überdruck 7	8	9
Art der Nietungen für die Längsnähte. Die römischen Ziffern bezeichnen die Art der Nietung nach den Tabellen 26 A und B. I einreihige Überlappung II zweireihige „ III dreireihige „ IV zweireihige Doppellasche V dreireihige „ VI vierreihige „	**600**	I	I	I
	700	I	I	I II
	800	I II	I II	I II
	900	I II	I II	I II
	1000	I II	I II	I II
	1100	I II	II	II
	1200	II	II	II
	1300	II	II	II
	1400	II	II	II
	1500	II	II	II
	1600	II	II	II III
	1700	II	II	II III
	1800	II	II	III
	1900	II	II III	II
	2000	II	III	IV
	2100	II III	III	IV
	2200	II III	III	IV V
	2300	III	III	V
	2400	III	III	V
	2500	III	III	V
Blechstärke. $s = \frac{D p \mathfrak{S}}{2 \varphi K_z} + 1\ \mathrm{mm}$ $K_z = 3600\ \mathrm{kg/cm^3}$ $\mathfrak{S}$ nach den allgemeinen polizeilichen Bestimmungen v. 17. Dez. 1908. Werte von s für die engeren Teilungen.	**600**	6	6,5	7,5
	700	7	7,5	8,5 7
	800	7,5 7	8,5 7	9,5 7,5
	900	8,5 7	9,5 7,5	10,5 9
	1000	9 7,5	10,5 8,5	11,5 9,5
	1100	10 8,5	9,5	10,5
	1200	9	10	11,5
	1300	9,5	11	12
	1400	10,5	12	13
	1500	11	12,5	14
	1600	11,5	13,5	15 13,5
	1700	12,5	14	15,5 14,5
	1800	13	15	15
	1900	14	15,5 14	16
	2000	14,5	15	14
	2100	15 14	15,5	14,5
	2200	16 14,5	16,5	15,5 14,5
	2300	15	17	15,5
	2400	15,5	17,5	16
	2500	16,5	18,5	17

[1] Entnommen aus Spalckhaver-Schneiders-Rüster: Die Dampfkessel.

stärken, Nietlochdurchmesser und Teilungen[1].

in at

10		11		12		13		14		15	
I	II	I	I	I	II	I	II	I	II	I	II
I	II	I	II	I	II	I	II	I	II	I	II
I	II	I	II	I	II	I	II	II		II	
I	II	I	II	II		II		II		II	
I	II	II		II		II		II		II	
II		II		II		II		II	III	III	
II		II		II		II	III	III		IV	
II		II		II	III	III		IV		IV	V
II		II	III	III		IV		IV	V	V	
II	III	III		IV		IV	V	V		V	
III		IV		IV		V		V		V	
III		IV		IV	V	V		V		V	
IV		IV	V	V		V		V		VI	
IV		V		V		V		V		VI	
IV	V	V		V		V		VI		V	
V		V		V		V		VI		VI	
V		V		V		VI		VI		VI	
V		V		V		VI		VI		VI	
V		V		V	VI	VI		VI		VI	
V		V		V	VI	VI		VI		VI	
8,5	7	8,5	7	9,5	7,5	10	8,5	11	9	11,5	9,5
9	7,5	10	8,5	11	9	11,5	9,5	12,5	10,5	13,5	11
10,5	8,5	11,5	9,5	12,5	10	13,5	11	12		12,5	
11,5	9,5	12,5	10,5	11,5		12		13		14	
13	10,5	11,5		12,5		13,5		14,5		15,5	
11,5		12,5		13,5		14,5		16	14,5	15,5	
12,5		13,5		15		16	14,5	15,5		14	
13,5		14,5		16	14,5	15,5		14		15	14,5
14,5		16	14,5	15,5		14		15	14,5	15,5	
15,5	14	15,5		14		15	14,5	15,5		16,5	
15		13,5		15		15,5		16,5		17,5	
16		14,5		16	15	16		17,5		18,5	
14		15,5	14,5	16		17		18,5		18,5	
15		15,5		16,5		18		19,5		19,5	
15,5	14,5	16		17,5		19		19		20,5	
15,5		17		18,5		20		20		21,5	
16		17,5		19		19,5		21		22,5	
17		18,5		20		20,5		22		24	
17,5		19		21	19,5	21,5		23		25	
18		20		22	20,5	22		24		25,5	

Tabelle 27. Für die Art der Nietungen, die Blech-

Fort-

	Kesselmantel Durchmesser mm	Überdruck		
		7	8	9
Nietlochdurchmesser *d*.	600	11	14	14
	700	14	14	17 14
	800	14	17 14	17 14
	900	17 14	17 14	20 17
	1000	17 14	20 17	20 17
	1100	20 17	17	17
	1200	17	17	20
	1300	17	20	20
	1400	17	20	23
	1500	17	20	23
	1600	20	23	23
	1700	20	23	26 23
	1800	20	23	23
	1900	23	26 23	26
	2000	23	23	23
	2100	23	26	23
	2200	23	26	23 20
	2300	23	26	23
	2400	26	26	23
	2500	26	29	23
Engere Nietlochteilung *t*. Empfohlen wird, den Mittelwert zwischen engster und weitester Teilung zu nehmen.	600	26	32	32
	700	26	32	38 46
	800	32 46	38 46	38 46
	900	38 46	38 46	44 52
	1000	38 46	44 52	44 52
	1100	44 52	52	52
	1200	52	52	60
	1300	52	60	60
	1400	52	60	68
	1500	52	60	68
	1600	60	68	68 86
Engere Nietlochteilung *t*. Empfohlen wird, den Mittelwert zwischen engster und weitester Teilung zu nehmen.	1700	60	68	76 86
	1800	60	68	86
	1900	68	76 86	95
	2000	68	86	116
	2100	68 86	95	116
	2200	68 86	95	116 130
	2300	86	95	148
	2400	95	95	148
	2500	95	104	148

stärken, Nietlochdurchmesser und Teilungen.

setzung.

in at

10	11	12	13	14	15
14	17 14	17 14	20 17	20 17	20 17
17 14	20 17	20 17	20 17	23 17	23 17
20 17	20 17	23 17	23 20	20	20
20 17	23 17	20	20	23	23
23 17	20	20	23	23	26
20	20	23	23	26 23	26
20	23	23	26 23	26	23
23	23	26 23	26	23	23 20
23	26 23	26	23	23 20	23
26 23	26	23	23 20	23	23
23	20	23	23	23	23
26	23	23	23	23	23
23	23 20	23	23	23	23
23	23	23	23	23	23
23 20	23	23	23	23	26
23	23	23	26	23	26
23	23	23	23	26	26
23	23	26	26	26	29
23	23	26 23	26	26	29
23	26	26	26	29	29
32 46	38 46	38 46	44 52	44 52	44 52
28 46	44 52	44 52	44 52	50 52	50 52
44 52	44 52	50 52	50 60	60	60
44 52	50 52	60	60	68	68
50 52	60	60	68	68	76
60	60	68	68	76 86	95
60	68	68	76 86	95	116
68	68	76 86	95	116	116 130
68	76 86	95	116	116 130	148
76 86	95	116	116 130	148	148
86	102	116	148	148	148
95	116	116 148	148	148	148
116	116 130	148	148	148	216
116	148	148	148	148	216
116 130	148	148	148	216	234
148	148	148	166	216	234
148	148	148	216	234	234
148	148	166	234	234	252
148	148	166 216	234	234	252
148	166	166 234	234	252	252

Tabelle 26 B. Doppellaschennietung.

b) Dreireihige Längsnaht und zweireihige Rundnaht.

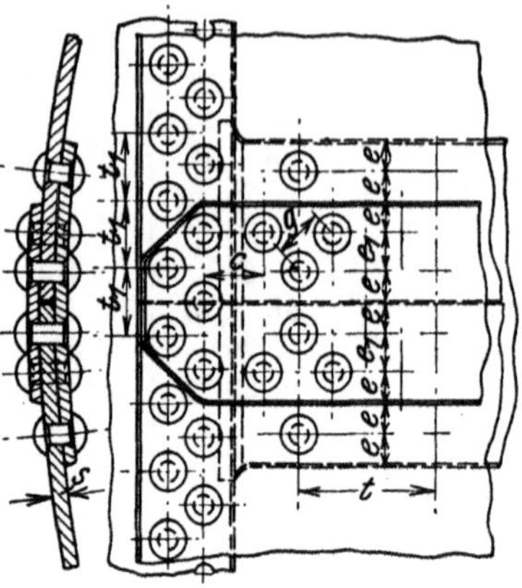

K_z = wie bei a); $\mathfrak{S} = 4$, $k_z = 900$; $k_n = 1150/\text{cm}^2$; $n = 5$;

φ_I = wie bei a); φ_{II} = ,, ; s = ,, ; σ = ,, ; σ_n = ,,

Abb. 15.

s von . . . mm	10	12	15	19	23
s bis . . . mm	12	15	19	23	27
d . . . mm	17	20	23	26	29
q . . . cm²	2,27	3,14	4,15	5,31	6,61
weite Teilung t . . . mm	118	138	156	175	194
weite Teilung φ_I . . .	0,855	0,855	0,853	0,85	0,85
weite Teilung φ_{II} . . .	0,84	0,84	0,83	0,815	0,805
enge Teilung t . . . mm	110	130	148	166	184
enge Teilung φ_I . . .	0,845	0,846	0,844	0,843	0,843
enge Teilung φ_{II} . . .	0,83	0,83	0,82	0,805	0,79
e . . . mm	27,5	30	35	40	44
e_1 . . . mm	33	40	42,5	48	52,5
c . . . mm	52	60	70	75	80
Rundnaht t_1 . . . mm	—	64	73	80	—

Tabelle 28. Nietverbindungen für den Apparatebau.

(Überlappungsnietungen)

Nietdurchmesser $d = \sqrt{50\,s} - 4$ (s = Blechstärke)
Nietlochdurchmesser $d_1 = d + 1$

	Teilung	halbe Überlappung	Abstand der Nietreihen
einreihig	$2d_1 + 8$	$1{,}5d_1$	—
zweireihig	$2{,}6d_1 + 15$	$1{,}5d_1$	$0{,}6t$
dreireihig	$3d_1 + 22$	$1{,}5d_1$	$0{,}5t$

Stemmen (Tabelle 29).

Das Stemmen der Nieten und Nähte wird durchwegs mit dem Preßlufthammer ausgeführt; nur an besonders schwierigen und hartnäckigen Punkten setzt der Handmeißel ein, ebenso natürlich bei Montagen und Reparaturen, wenn keine Preßluft zur Verfügung steht.

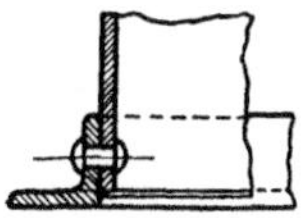

Abb. 16.

Abb. 17. Stemmen (Ruthsspeicherbau)

In der Regel ist — saubere Paß- und Anrichtearbeit vorausgesetzt — das Verstemmen der äußeren Nähte und Nietköpfe als ausreichend

Abb. 18.
Stemmarbeiten an einem Ruthsspeicher (Behälter- u. Apparatebau G.m.b.H., Hennigsdorf).

zu betrachten. Bei stark beanspruchten Nähten wird auch innen gestemmt. Die Innenstemmung wird jedoch leichter ausgeführt.

Bei den Zahlenreihen „Kopf- und Versenknieten stemmen" gibt die Rubrik „Leistung je Stunde" die Zahl der Nietköpfe an, die der Durchschnittsarbeiter erreichen soll. Da das Stemmen im Gegensatz zum Nieten nur einen Mann je Werkzeug erfordert (was natürlich nicht ausschließt, daß der Akkord an eine Gruppe vergeben wird), so sind die Zahlen der Reihe „Minuten je Stück" reziprok zu jenen der stündlichen Leistung.

Die Zeiten für Behauen und Stemmen von Nähten, Wechseln und Laschenenden sind auf die Mantelblechstärke bezogen.

Bei der Berechnung der Werte sind wie beim Nieten die normalen Einrichte- und Nebenarbeiten berücksichtigt worden. Es handelt sich wie dort um die Vorbereitung normaler Rüstungen, das Anschließen der Schläuche, den Werkzeugwechsel, das Wenden der Werkstücke.

Bei den besonders aufgeführten Einzelfällen ist in der Zeit jeweils das komplette Stemmen der betreffenden

Tabelle 29. Stemmen mit Preßluft.

Niet ⌀	Kopfnieten: Nieten außen stemmen: Leistung je Stunde	Kopfnieten: Nieten außen stemmen: Min. je Stück	Kopfnieten: Nieten innen stemmen: Leistung je Stunde	Kopfnieten: Nieten innen stemmen: Min. je Stück	Versenknieten: Nieten glatt hauen: Leistung je Stunde	Versenknieten: Nieten glatt hauen: Min. je Stück	Versenknieten: Nieten stemmen: Leistung je Stunde	Versenknieten: Nieten stemmen: Min. je Stück
10	50	1,2	—	—	48	1,3	45	1
13	38	1,6	75	0,8	37	1,6	35	1,7
16	31	1,9	65	0,9	33	1,8	30	2
19	27	2,2	55	1,1	30	2	27	2,2
22	24	2,5	50	1,2	25	2,4	24	2,5
25	20	3	43	1,4	21	2,8	20	3
28	17	3,5	37	1,6	19	3,2	17	3,5
31	15	4	31	1,9	17	3,5	15	4

Glatte Stemmarbeit.

Blechstärke	Naht stemmen je lfd. m: außen	Naht stemmen je lfd. m: innen	Stemmkante anhauen je lfd. m	Wechsel behauen und stemmen	Laschenenden behauen und stemmen
6	8	5	15		
8	10	6,5	20	12	30
10	13	8	25		
12	15	9,5	30		
15	20	12	38	15	40
18	24	14	45		
20	27	17	52	20	50
25	33	20	60		

Einige Einzelfälle (Nieten und Naht).

Niet-⌀	Vorderböden				Flammrohrenden					
	(Fall A) Vorderböden	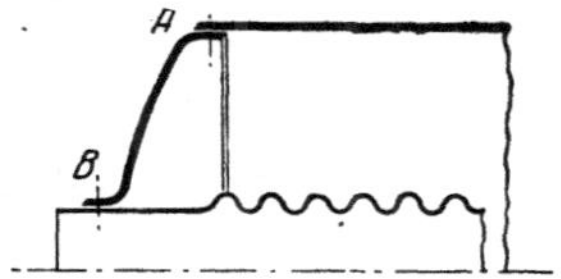			(Fall B) Nieten von außen und innen		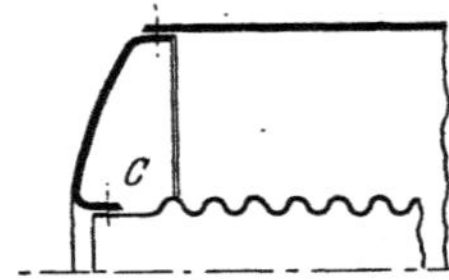		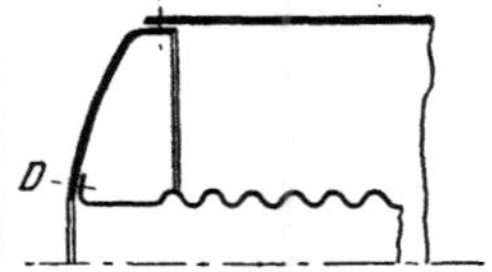	
	außen		innen		Naht von außen		von außen und innen		von außen und innen	
	Leistung je Stunde	Min. je Niet	Leistung je Stunde	Min. je Niet	Leistung je Stunde	Min. je Niet	Leistung je Stunde	Min. je Niet	Leistung je Stunde	Min. je Niet
13	—	—	—	—	—	—	—	—	—	—
16	20	3	35	1,7	9	6,5	10	6	11	5,5
19	18	3,5	30	2	8	7,5	9	7	9	6,5
22	15	4	25	2,5	7	8,5	8	8	8	7,5
25	12	5	22	2,7	6	10	6	9,5	6,5	9
28	10	6	20	3	5	12	5	11	6	10
31	8	7,5	18	3,5	4	14	4	13	5	12

Niet-⌀	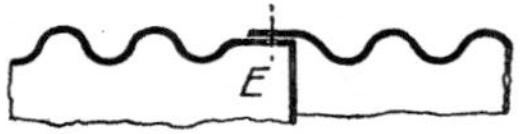 Wellrohre stemmen Nieten und Naht außen und innen		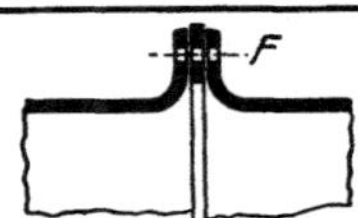 Flammrohre stemmen Nieten doppelt Stemmring außen u. innen		Gußstutzen mit Stemmscheibe außen und innen		Gußstutzen ohne Stemmscheibe von innen stemmen außen Naht andrücken		Schmiedeeiserne Stutzen Nieten und Naht außen und innen	
	Leistung je Stunde	Min. je Niet	Leistung je Stunde	Min. je Niet	Leistung je Stunde	Min. je Niet	Leistung je Stunde	Min. je Niet	Leistung je Stunde	Min. je Niet
13	13	4,5	9	7	8	8	13	4,5	12	5
16	12	5	8	8	7	9	12	5	11	5,5
19	10	6	7	9	6	10	10	6	9	7
22	9	7	6	10	5	11,5	9	7	8	8
25	8	8	5	11	4	14	7	8,5	7	9
28	7	9,5	4—5	12,5	3—4	16	6	10	6	10
31	5	11	4	14	3	18	5	12	5	11

Stemmen mit Preßluft (einige Einzelfälle).
Fortsetzung.

Niet ⌀	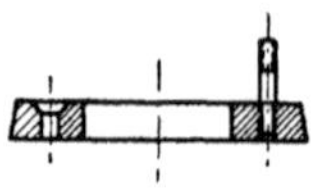 Flanschen komplett stemmen inkl. Nieten glatt hauen		Domkrempen Verbindungsstutzen usw. Nieten und Naht außen und innen		Nieten stemmen mit Krummstemmer	
	Leistung je Stunde	Minuten je Niet	Leistung je Stunde	Minuten je Niet	Leistung je Stunde	Minuten je Niet
13	9	7	12	5	32	1,9
16	9	7	11	5,5	26	2,3
19	8	8	10	6	23	2,6
22	8	8	9	7	20	3
25	7	9	8	8	17	3,5
28	7	9	7	8,5	14	4,2
31	6	10	6	9,5	12	5

Stemmen von Hand.

Niet ⌀	Nieten außen		Nieten innen		mit Krummstemmer
	Leistung je Stunde	Minuten je Niet	Leistung je Stunde	Minuten je Niet	Minuten je Niet
13	27	2,2	54	1,1	4
16	24	2,5	50	1,2	5
19	20	3	42	1,4	6
22	15	4	34	1,8	7
25	12	5	30	2	8,5
28	10	6,2	25	2,5	10
31	8	7,5	20	3	12

Nietverbindung eingeschlossen. Die Nahtlänge konnte hierbei auf die Nietzahl reduziert werden, da jedem Nietdurchmesser normalerweise eine bestimmte Nietteilung entspricht. Je nach Schwierigkeit der Arbeit und Zugänglichkeit der Naht wechselt der Zeitbedarf. Es handelt sich durchwegs um erprobte Erfahrungszahlen.

Der Krummstemmer wird erforderlich, wenn die Nietköpfe unzugänglich sitzen, wie es beispielsweise Abb. 16 zeigt.

Abb. 17 zeigt im Hintergrund einen einzelnen Mann beim Verstemmen von Nietköpfen. Im Vordergrund wird der Anpreßdruck für die ungünstig gelegene Naht durch einen zweiten Mann bewirkt, während der erste nur den Hammer führt. Ein solcher Sonderfall ist in den Tabellenwerten nicht berücksichtigt. Sie gelten, wie schon oben gesagt, für einen einzelnen Mann und glatte Arbeit.

Eine solche „glatte Stemmarbeit" ist in Abb. 18 zu sehen. Die umfangreiche Rüstung ist im Vergleich zu der hohen Nietzahl eben noch als normal zu bezeichnen.

18. Beispiel: Der Mantel des in dem Beispiel für Nieten S. 66 beschriebenen Behälters soll gestemmt werden. Er bestehe aus 5 Schüssen.

1200 Kopfnieten, 16 ⌀, außen stemmen, je 1,9	2280 Min.	
52 m Naht, bei 8-mm-Blech, je 13 Min. .	675 „	
10 Wechsel behauen u. stemmen, je 12 Min.	120 „	
	3075 Min.	= 51,2 Std.
Stemmen des Domes: 80 Nieten, 16 ⌀, außen und innen, einschl. Naht, je 5,5 Min.	440 Min.	= 7,3 Std.
Stemmen der Stutzen (mit Stemmscheibe): 64 Nieten, 19 ⌀, je 10 Min.	640 Min.	= 10,7 Std.
	Sa.	69,2 Std.

Herrichten und Einziehen von Siede- und Ankerrohren (Tabelle 30).

Die Tabelle zeigt anschaulich die für das sachgemäße Einwalzen der Rohre erforderlichen Arbeiten. Sie ist in dieser Zusammenstellung auch für Angebotsrechnungen geeignet.

Die Zeit für das Einziehen der Siederohre schwankt je nach den baulichen Verhältnissen, der Zugänglichkeit der Rohrwände und der Genauigkeit der Übereinstimmung von Rohrende und Rohrloch. Je strenger das Rohr paßt, desto länger dauert das Einziehen, desto geringer ist aber auch die Walzarbeit und damit die Anstrengung des Materials.

Bei Ankerrohren tritt beim Einziehen die eigentliche Einschraubzeit gegenüber den Nebenzeiten in den Vordergrund, so daß einheitliche Sätze gehalten werden können. Im allgemeinen sind die Zeiten bei Ankerrohren wegen der größeren Wandstärken höher als bei Siederohren.

Die Tabellen gelten nicht für einzelne Rohre, sondern für Rohrbündel und Rohrreihen, wie sie bei Kesseln und Apparaten üblich sind.

Tabelle 30. Herrichten und Einziehen von Siederohren.

	Äußerer Rohr-Ø:									
	30	36	40	45	50	60	70	80	90	100
1 Ende absägen	0,8	1	1,5	2	2,5	3,2	4	4,8	5,5	6,5
2 Enden ausglühen	0,8	1,2	2,2	3	4	4,8	5,2	5,7	6	7
2 Enden befeilen	1	1,5	2	3,5	4	5	6	6,5	7	8
1 Ende aufweiten bis 3 mm	1,5	2,5	4	5,5	7	8	9,5	10,5	12	14
Desgl. 4—5 mm	2,5	4	5,5	7	9	11	13	14	16	18
Desgl. 6—7 mm	3	5	7	9	11	13	16	18	20	25
1 Ende einstauchen bis 3 mm	4,5	6	8	9	10	11	14	16	18	20
Desgl. 4—5 mm	7	10	11	13	15	16	18	20	23	25
1 Rohr in den Kessel einziehen	1—2	1—2,5	1,5—3	2—4,5	3—6	4—8	6—9	8—12	10—15	12—16
Beide Enden walzen	3,2	3,8	4,5	6	8	11	13	16	18	20
1 Ende bördeln	2,5	3	3,3	3,7	4	4,8	5,5	7	8	10

Herrichten und Einziehen von Ankerrohren.

	Äußerer Rohr-Ø:					
	40	50	60	70	80	90
1 Rohrende absägen	3	3	4	5	5,5	6,5
2 Rohrenden ausglühen	3,5	5	6	7	7,5	8
1 Rohrende aufweiten bis 3 mm	7	9	10	12	15	18
Desgl. 4—5 mm	9	11	12	15	18	20
Desgl. 6—7 mm	11	13	15	18	20	25
1 Rohrende einstauchen bis 3 mm	10	12	14	16	19	22
Desgl. 4—5 mm	13	16	18	20	24	27
An beiden Ende Gewinde schneiden	40	45	50	55	60	70
Gewinde in die Rohrwand schneiden	40	40	45	50	55	60
1 Rohr einziehen	12	15	20	22	25	30
2 Enden walzen	10	12	16	20	25	30
2 Enden bördeln	6	7	8,5	10	12	15

Unter Verwendung von starken Preßluftbohrmaschinen.

5. Werkstattvorkalkulationen vollständiger Aggregate.

19. Beispiel: A. Kalkulation der Werkstattzeiten für einen Zweiflammrohrkessel, 2200∅, 11000 zyl. Länge, Abb. 19.

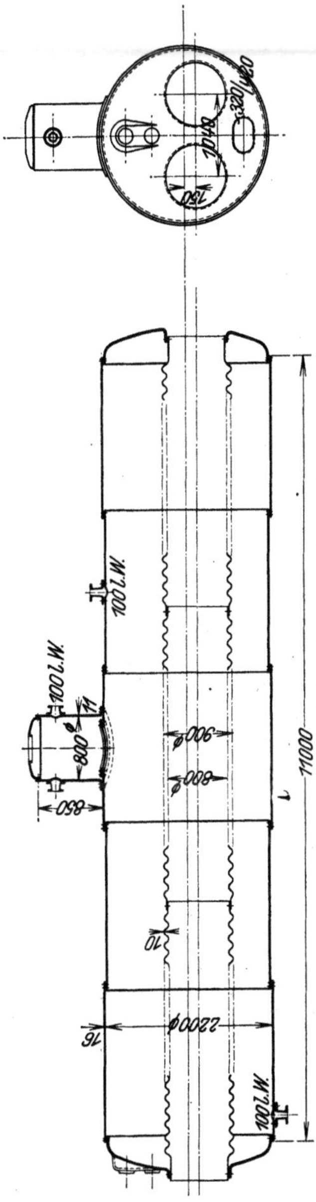

Abb. 19. Zweiflammrohrkessel.

Blechstärken: Mantel . 16 mm
Laschen . 13 „
Böden . . 18 „
Dommantel 11 „
Domboden 13 „
Wellrohre 10 „

Vernietung:
Längsnaht: dreireihige Doppellasche, Niet-∅ = 25 mm
Rundnaht, zweireihig, Niet-∅ = 25
Wellrohre: Niet-∅ = 19 mm.

Die ausgeführte Kalkulation läßt die Art und Reihenfolge der erforderlichen Arbeitsgänge genau erkennen; trotzdem erscheint mancher Hinweis angebracht.

Bei Kesselnähten gilt als Grundregel, daß sämtliche Nietlöcher nach dem Zusammenbau gebohrt werden, um genaues Passen zu erzielen, oder daß bei Blechüberdeckungen höchstens die im obersten Blech liegenden Löcher — und auch diese nur kleiner — gebohrt werden. Die für das Zusammenbauen nötigen Heftlöcher werden im ebenen Zustand der Bleche und kleiner vorgebohrt, um Passungsunterschiede beim Aufbohren und Aufreiben ausgleichen zu können.

Weite Mantelschüsse: An einem der drei Bleche werden sämtliche Nietlöcher angezeichnet. An den späteren Rundnähten können schon jetzt alle Nietlöcher vorgebohrt werden, an den späteren Längsnähten nur Heftlöcher. Das Blech dient als Schablone für die beiden anderen, welche nur die Rißlinien für Beschneiden erhalten und im Paket gebohrt werden.

Enge Mantelschüsse: Hier dürfen durchwegs nur Heftlöcher gebohrt werden; die Anreißarbeit an dem Schablonenblech ist entsprechend einfacher und hier mit $^2/_3$ der normalen bewertet. Sonst sind die Vorgänge analog.

Nach dem Biegen werden die Schüsse an den Enden — wie bei jeder Laschennietung — auf eine gewisse Länge autogen geschweißt. Die Zeit für das Behauen der Schweißkanten ist gegenüber den Tabellenwerten wesentlich erhöht, da umfangreiche Nebenarbeiten (Auseinanderklemmen der Fuge, Wenden des ganzen Schusses) zu leisten sind. Das gleiche gilt für das Schweißen.

Die Laschen werden aus entsprechend gerollten Schüssen in Streifen ausgebrannt. Die außenliegenden Laschen werden wieder vollständig vorgebohrt, die innenliegenden erhalten nur Heftlöcher. Das Abschärfen über die verhältnismäßig große Laschenbreite geschieht normalerweise auf Fräsmaschinen unter nachfolgendem Ausschmieden der Ecken. Die Tabellenzeiten für das Schärfen von Blechecken haben bei Laschen verständlicherweise keine Gültigkeit.

Böden: Sie erhalten nur Heftlöcher. Man wird sie bei der geringen Lochzahl nicht unter die Bohrmaschine transportieren, sondern eine Luftbohrmaschine benutzen.

Zusammenbau: Der Mantel wird mit den Böden zusammengebaut und vollständig gebohrt; dann wird auseinander genommen, entgratet, unter Weglassung des Vorderbodens wieder zusammengebaut, angerichtet, aufgerieben, genietet und gestemmt. Die vorbereiteten Wellrohre werden zusammen mit dem Vorderboden eingeführt. Für den Zeitbedarf dieser Arbeit läßt sich keine Regel finden; die eingesetzte Zeit ist ein Erfahrungswert, der von den baulichen Verhältnissen abhängt.

Die Wellrohrenden müssen von innen her zum Bohren angezeichnet werden. Die schwierige Haltung erfordert Erhöhung der Zeit.

Bezüglich des Einnietens des Vorderbodens verweisen wir auf die bei der Besprechung der Niettabelle erwähnten Schwierigkeiten.

Stutzen, Dom, Mannlöcher, Flanschen. Die Tabellen Nr. 33, 35, 36, 37 geben über die erforderlichen Arbeiten Aufschluß.

Nach Festlegung der Zeiten für das Probieren, Anstreichen, Verladen wird der vorsichtige Kalkulator für Hilfeleistungen und Transporte in der Werkstatt, die an sich unvermeidlich sind und sich im voraus nicht überblicken lassen, einen von den Verhältnissen in der Werkstatt abhängigen Prozentsatz zuschlagen, um einen Ausgleich für die ordnungsgemäß auf der gleichen Auftragsnummer erscheinenden Hilfslöhne zu schaffen.

Zuletzt werden die Einzelarbeiten nach den Arbeitsarten getrennt und zu Akkorden zusammengefaßt; dazu dient die Spalte „Akk. Nr.“ des Kalkulationsformulares.

19. Beispiel.

Pos.	Gegenstand	Arbeitsvorgang	Zeit in Min.	Std.	Akk. Nr.	Bemerk.
1	3 Mantelbleche 6950 × 2180 × 16 (weite Schüsse)	1 Blech anzeichnen, 420 Löcher, 25 ⌀, % 75	315	5,2	—	Außenseite alle Löcher, Innenseite Heftlöcher
		3 Bleche zus.legen je 40 Min. und durchbohren, 340 Löcher, 23 ⌀, 48 tief, je 3,7 Min.	1378	23	1	
		2 Bleche anreißen, 2 × 18 m, je 4	144	2,4	—	
		3 Bleche hobeln (außen u. innen) zusammen 55 m, je 14 Min.	770	12,8	2	
		3 Bleche biegen, je 175 Min.	525	8,7	3	
	2 Mantelbleche 6880 × 2180 × 16 (Enge Schüsse)	1 Blech anzeichnen = $^2/_3$ von 420 = 280 Löcher, 25 ⌀, % 75 Min.	210	3,5	—	
		2 Bleche zus.legen, je 40 Min. und durchbohren, 80 Löcher, 23 ⌀, 32 tief, je 3 Min.	240	4	1	Nur Heftlöcher, da alle Seiten innen liegen
		2 Bleche hobeln (außen u. innen), 36,5 m, je 14 Min.	510	8,5	2	
		2 Bleche biegen, je 175 Min.	350	5,8	3	
	6 Schußenden	je 200 mm lang autogen schweißen inklusive schräg hauen, je 3 Std.	1080	18	4	
2	10 Laschen 5=390 breit 13 stark 5=260 breit 13 stark	2 Bleche auf 2200 ⌀ biegen, je 50	120	2	3	Die 10 Laschen Pos. 2 werden in 2 Blechen gebogen u. dann durchgebrannt
		10 Laschen anreißen zum Durchbrennen, 28 m Rißlänge, je 4 Min.	112	1,9	—	
		10 Laschen durchbrennen, 28 m, je 10,5 Min.	294	4,8	5	
		anzeichnen: 5 Laschen je 120=600 Löcher, 23 ⌀, % 70 und 5 Lasch. je 30=150 Löcher, 23 ⌀, % 70	525	8,7	—	
		bohren: 5 Laschen je 120=600 Löcher, 23 ⌀, je 1,3 u. 5 Laschen je 30=150 Löcher, 23 ⌀, je 1,3 Min.	970	16,2	1	
		10 Laschen hobeln, 53 m, je 12 Min.	636	10,6	2	
	2 Außenlaschen	= 4 Enden abschärfen, je 55 Min.	220	3,7	6	
	3 Innenlaschen	= 6 Enden abschärfen, je 70 Min.	420	7	6	
3	2 Böden 2200 ⌀	Nietlöcher anzeichnen, 156 Löcher % 60 = 93 Min.	186	3,1	—	
		Heftlöcher bohren, 24 Löcher, 23 ⌀ je 5 Min.	120	2	7	
1, 2, 3	5 Mantelschüsse 10 Laschen u. 3 Böden	zum Bohren zusammenbauen inkl. Aufweiten u. Einholen d. Wechsel = 4 Rundnähte je 330 Min., 2 Böden je 340 Min.	2000	33,3	8	Siehe Zusammenbau Tab. 23. Kessel mit Laschen Mittelwert zwisch. 2000 u. 2500 ⌀
		bohren: 936 Löcher, 25 ⌀, 32 tief, je 2,8 u. 540 Löcher, 25 ⌀, 42 tief, je 3,4 Min.	4456	74,2	10	
	5 Schüsse und 2 Böden	auseinandernehmen, je 120 Min.	840	14	9	
		entgraten, je 100 Min.	700	11,7	9	
				285,1		

Pos.	Gegenstand	Arbeitsvorgang	Zeit in Min.	Std.	Akk. Nr.	Bemerk.
		Transport:		285,1		
	5 Schüsse und 1 Boden	zusammenbauen, anrichten u. aufreiben der Nietlöcher von 25 auf 26 mm, 4 Rundnähte u. Laschen je 240+400+420, 1 Boden je 320+400+420 Min.	5380	90	9	
		nieten mit Maschine soweit möglich, die übrigen m. Lufthammer, 1320 Nieten, 25 ⌀, je 3,6 Min.	4752	79,2	11	
		stemmen: 1320 Nieten, 25 ⌀, außen je 3 Min., 1320 Nieten, 25 ⌀, innen je 1,4 Min., 60 m Naht außen je 20 Min., 60 m Naht innen je 12 Min., 6 Laschenenden je 40 + 20 Min.	8088	134,8	12	
4	6 Wellrohrschüsse	8 Enden anzeichnen, 400 Löcher, je 0,5 Min..	200	3,3	—	
		8 Enden, 64 Heftlöcher, 20 ⌀, bohren, je 3,5 Min.	224	3,7	7	
		4 mittlere Rundnähte zum Bohren zusammenbauen, je 110 Min. .	440	7,3	8	
		4 mittlere Nähte durchbohren, 200 Löcher, 20 ⌀, 20 tief, je 1,8 Min.	360	6	10	
		2 Wellrohre auseinanderbauen je 70 Min.	140	2,3	9	
		4Rundnähte entgraten je 30 Min.	120	2	—	
		4 Rundnähte zus.bauen je 95 Min.	380	6,3	—	
		4 Rundnähte anrichten je 160 Min.	640	10,7	—	
		4 Rundnähte aufreiben, 200 Löch. % 130 Min.	260	4,3	—	
		4 Rundnähte nieten, 200 Nieten, je 4 Min.	800	13,3	11	
		4 Rundnähte stemmen, 200 Nieten innen und außen, inkl. Naht je 6	1200	20	12	
1	2 Wellrohre u. 1 Vorderbod.	in den Kessel einfahren und ausrichten.	1320	22	13	
4	4 Flammrohrenden	anzeichnen, 200 Löcher, je 1 Min.	200	3,3	—	
		mit Bodenkrempe durchbohren, 200 Löcher, 20 ⌀, je 5,4 Min. .	1080	18	14	
		entgraten, anrichten und aufreiben je Ende 390 Min.	1560	26	15	
	4 Flammrohrenden	annieten: 100 Nieten, 19 ⌀, je 6M. vorn, 100 Nieten, 19 ⌀, je 11Min. hinten	1700	28,3	16	
		stemmen: 100 Nieten, 19 ⌀, je 7,5 Min. vorn, 100 Nieten, 19 ⌀, je 7 Min. hinten (Nieten u. Naht außen u. innen)	1450	24,2	17	
				790,1		

Pos.	Gegenstand	Arbeitsvorgang	Zeit in Min.	Std.	Akk. Nr.	Bemerk.
		Transport:		790,1		
1 — 4	1 Vorderboden	entgraten, anrichten u. aufreiben	960	16	15	
		einnieten: 164 Nieten, 25 ⌀, je 14	2296	38,3	16	
		stemmen: 164 Nieten, innen und außen, inkl. Naht, je 5+2,7 Min.	1262	21	17	
5	4 schmiedeeiserne Stutzen	4 Stutzenbleche anzeichnen, je 20	80	1,3	—	
		4 Stutzenbleche schneiden, je 35	140	2,3	18	
		4 Stutzenbleche biegen, schweißen, bördeln u. aufpassen, je 600 Min.	2400	40	19	
		4 Krempen anzeichnen, 64 Löcher, je 1 Min.	64	1,1	—	
		4 Krempen bohren, 64 Löcher, 20 ⌀, je 1,3 Min.	83	1,4	20	
		4 Krempen behauen, 35 Min. . .	140	2,3	22	
	4 Flanschen	aus 30 mm-Blech ausbrennen, je 18	72	1,2	5	
		4 Flanschen gerade richten, je 25	100	1,7	23	
		4 Flanschen bohren, 32 Löcher, 23 ⌀, je 2,5 Min.	80	1,3	20	
		4 Stutzen und 4 Flanschen drehen u. Gewinde schneiden, je 195 Min.	780	13	24	
		4 Flanschen aufziehen, vernieten u. befeilen, je 50 Min.	200	3,3	22	
6	1 Domverstärkungsring aus ⌀̸ 90×20	biegen u. schweißen, 180 Min. . .	180	3	25	
		nach Kesselradius biegen	42	0,7	—	
		anzeichnen, 16 Löcher, je 0,5 Min.	8	0,1	—	
		bohren, 16 Löcher, 23 ⌀, je 2 Min.	32	0,5	20	
5 + 6	2 Stutzen Pos. 5 u. 1 Ring P. 6	am Kessel anzeichnen, 48 Löcher, je 1,75 Min.	84	1,4	—	
		am Kessel anbohren, 48 Löcher, je 4 Min.	192	3,2	21	
		3 Löcher ausbrennen, 2 je 15 Min. und 1 zu 20 Min.	50	0,8	5	
		3 Löcher behauen, 2 je 30 Min und 1 zu 45 Min.	105	1,7	22	
		am Kessel anschrauben, anrichten u. aufreiben, 2 je 75 u. 1 zu 60 M.	210	3,5	26	
		annieten: 32 Nieten, 19 ⌀ je 6 Min., 16 Nieten, 22 ⌀, je 8 Min.. . .	320	5,3	27	
		stemmen: 32 Nieten, 19 ⌀, außen u. innen, inkl. Naht, je 7 Min. .	224	3,7	28	
7	1 Dommantel, 2550×1000 ×11	anzeichnen (Abwicklung u. Nietlöcher)	120	2	—	
		schneiden	48	0,8	18	
		brennen.	30	0,5	5	
		Heftlöcher bohren, 20 Löcher je 2	40	0,7	20	
		hobeln, 4,6 m, je 9,5 Min.. . . .	42	0,7	2	
		biegen	90	1,5	3	
		Längsnaht im Feuer schweißen .	650	10,8	19	
				975,3		

Pos.	Gegenstand	Arbeitsvorgang	Zeit in Min.	Std.	Akk. Nr.	Bemerk.
		Transport:		975,3		
7	1 Dom	1 Domkrempe bördeln (zweireihig)	800	13,3	19	Aus Tab. 36 Dome kompl. anfertigen u. anbringen
		1 Domkrempe anzeichnen	95	1,6	—	
		1 Domkrempe bohren	150	2,5	20	
		1 Domkrempe behauen	90	1,5	22	
8	1 Domboden m. eingepreßtem Mannloch	einbauen	120	2	26	
		Boden u. Mantel zus. durchbohren	100	1,7	20	
		Boden u. Mantel entgraten, anrichten u. aufreiben	400	6,7	26	
		nieten	190	3,2	27	
		stemmen	270	4,5	28	
5—7	2 Stutzen Pos. 5 am Dommantel	anzeichnen, je 25 Min.	50	0,8	—	Aus Tab. 33 Stutzen anfertigen u. anbringen
		anbohren, je 60 Min.	120	2	21	
		2 Löcher ausbrennen, je 10 Min. .	20	0,3	5	
		2 Löcher schräg hauen, je 30 Min.	60	1	22	
		2 Stutzen anschrauben, anrichten u. aufreiben, je 75 Min.	150	2,5	26	
		2 Stutzen annieten, je 85 Min. .	170	2,8	27	
		2 Stutzen stemmen, je 95 Min. . .	190	3,2	28	
	1 Dom am Kessel	anzeichnen	145	2,4	—	Aus Tab. 36 Dome kompl. anfertigen u. anbringen
		anbohren	190	3,2	21	
		entgraten, anrichten u. aufreiben	550	9,2	26	
		annieten	480	8	27	
		stemmen: Nieten außen u. innen, Naht nur außen	570	9,5	28	
9	2 Wasserstandsflanschen, 100/220 ⌀	aus Blech ausbrennen, je 10 Min.	20	0,3	5	Aus Tab. 35 Flanschen anfertigen u. anbringen
		gerade richten, je 15 Min. . . .	30	0,5	23	
		anzeichnen, je 15 Min.	30	0,5	—	
		drehen, je 65 Min.	130	2,2	24	
		bohren u. versenken, je 40 Min..	80	1,3	20	
		am Vorderboden anzeichnen . .	60	1	—	
		am Vorderboden anbohren, je 32	64	1,1	21	
		2 Mittellöcher ausbohren im Boden	120	2	21	
		2 Flanschen anrichten u. aufreiben, je 40 Min.	80	1,3	26	
		2 Flanschen annieten, je 60 Min..	120	2	27	
		2 Flanschen stemmen, je 60 Min.	120	2	28	
		16 Stiftschraubenlöcher Gewinde schneiden u. Stiftschrauben einziehen, je 10 Min.	160	2,7	29	
10	2 gepreßte Mannlochdeckel	anzeichnen, je 8 Min.	16	0,3	—	
		2 Deckel und 4 Bügel bohren und versenken	40	0,7	20	
		4 Schrauben u. 2 Griffe einnieten, stemmen, die beiden Deckel einpassen u. 4 Bügel anpassen . .	280	4,6	22	
				1079,7		

Pos.	Gegenstand	Arbeitsvorgang	Zeit in Min.	Std.	Akk. Nr.	Bemerk.
		Transport:		1079,7		
11	2 Wasserstandmarken und 1 Kesselschild	anbohren u. anbringen, je 50 Min. anbohren u. anbringen, je 75 Min.	175	2,9	22	
	1 Kessel	auf Hölzer legen, blind verschrauben, füllen u. druckdicht abliefn.	570	9,5	30	
		anstreichen, 88 m², je 8 Min. . .	704	11,7	31	
		verladen	300	5	32	
		Transporte innerhalb der Werkstatt, etwa 5%		51,2	—	
				1160 Std.		

Akkordzusammenstellung.

1.	Anzeichnen im Lohn	44,1 Std.
2.	Schneiden Akkord Nr. 18	3,1 „
3.	Bohren, Akkord Nr. 1, 7, 10, 14, 20, 21	168,7 „
4.	Hobeln, Akkord Nr. 2	32,6 „
5.	Brennen, Akkord Nr. 5	8 „
6.	Schärfen und biegen, Akkord Nr. 3, 6	28,7 „
7.	Autogen schweißen, Akkord Nr. 4	18 „
8.	Entgraten, zusammenbauen, anrichten und aufreiben, Akkord Nr. 8, 9, 13, 15, 26	271,1 „
9.	Nieten, Akkord Nr. 11, 16, 27	180,4 „
10.	Stemmen, Akkord Nr. 12, 17, 28	222,9 „
11.	Schweißen und bördeln, Akkord Nr. 19, 25	67,8 „
12.	Behauen, Akkord Nr. 22	18,7 „
13.	Richten, Akkord Nr. 23	2,2 „
14.	Drehen, Akkord Nr. 24	15,2 „
15.	Stiftschrauben einsetzen usw., Akkord Nr. 29	2,7 „
16.	Probieren, Akkord Nr. 30	9,5 „
17.	Anstreichen, Akkord Nr. 31	11,7 „
18.	Verladen, Akkord Nr. 32	5 „
19.	Diverse Transporte	51,2 „
		1160 Std.

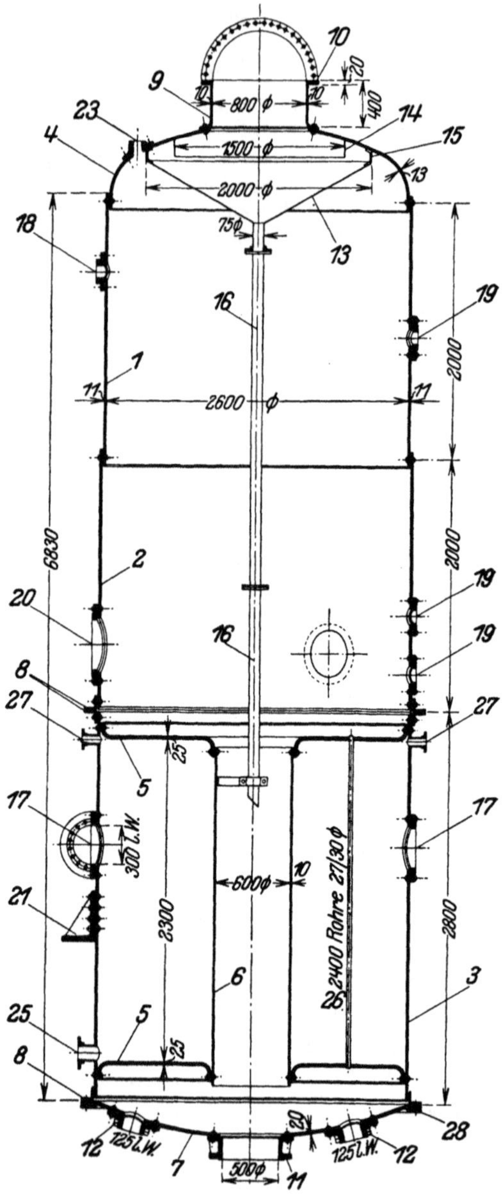

Abb. 20. Verdampfapparat.

20. Beispiel:

A. Stückliste zum Verdampfapparat nach Abb. 20.
(Im Auszug.)

Teil Nr.	Stck	Gegenstand	Werkstoff	Bemerkungen
1,2	4	Mantelbleche zum Oberteil 4180 × 2070 × 11	St 34. 21	
3	2	Mantelbleche zur Heizkammer 4180 × 2800 × 15	St 34. 21	
4	1	Elliptisch gewölbter Oberboden 2600 ⌀ × 13	St 34. 21	gepreßt und angedreht bezogen
5	2	Rohrböden 2600/620 ⌀ × 26 . .	St 34. 21	gepreßt und angedreht bezogen
6	1	Zirkulationsrohr, Blech 1920 × 2400 × 10	St 34. 21	
7	1	Tellerboden 2800 × 20	St 34. 21	gepreßt und angedreht bezogen
8	3	Winkelringe 90 · 90 · 20, 2620 ⌀, etwa 8450 lg	St 37. 12	
9	1	Blechstutzen 800 ⌀ × 400 hoch × 10	St 34. 21	
10	1	Flansch 80 × 20 × 820 l ⌀ . . .	St 37. 21	
11	1	Gußstutzen 500 l ⌀ mit Stemmscheibe	Ge	
12	2	Gußstutzen 125 l ⌀ mit Stemmscheibe	Ge	
13	1	Blechtrichter 2000 ⌀ × 500 hoch × 4	St 37. 21	
13a	1	Rohrstutzen 75 ⌀ mit Aufwalzflansch	St 37. 28	
14	1	Blechring 1500 ⌀ × 200 hoch × 3	St 37. 21	
15	6	Flacheisenbügel 50 × 10 lg 200 .	St 37. 12	
16	2	Rohre 75 ⌀ × 2000 mit Aufwalzflanschen	St 37. 28	
17	2	Gußstutzen 300 l ⌀	Ge	
18	1	Gußstutzen 100 l ⌀	Ge	
19	3	Schaugläser 150 l ⌀	Ge	
20	1	Mannlochstutzen 400 ⌀	Stg	
21	4	Füße	Ge	
22	3	Gußstutzen 80 l ⌀	Ge	
23	2	Gußstutzen 50 l ⌀	Ge	
24	4	Gußstutzen 60 l ⌀	Ge	
25	2	Rohrstutzen 60 l ⌀	St 37. 28	
27	2	Rohrstutzen 30 l ⌀	St 37. 28	
26	2400	Messingrohre 27/30 ⌀ × 2360 lg. .	Mess.	m. ausgeglühten Enden zum Einwalzen
28	1	Verstärkungsring zu Teil 7, 100 × 20 × 2800 ä ⌀	St 37. 12	

B. Werkstattvorkalkulation eines Verdampfapparates. Apparate von der Bauart und Größe des in Abb. 20 dargestellten Verdampfapparates werden in Zuckerfabriken zum Eindicken des

Zuckersaftes verwendet. An Hand der Schnittzeichnung und der Stückliste, welche alle wichtigen Baumaße der Einzelteile enthält, wollen wir eine werkstattgerechte Kalkulation des vollständigen Apparates durchführen.

Die Betrachtung der Zeichnung lehrt, daß der Apparat aus zwei Hauptteilen besteht. Das Unterteil, die sogenannte Heizkammer, setzt sich zusammen aus zwei Mantelblechen (Teil *3*), zwei Winkelringen (*8*), zwei Rohrböden (*5*), deren Aushalsungen durch ein Zirkulationsrohr (*6*) verbunden sind. Der Wärmeaustausch erfolgt durch die Wandung von 2400 eingewalzten Siederohren.

Das Oberteil ist mit Winkelring (*8*) an die Heizkammer angeflanscht. Es besteht aus vier Mantelblechen (*1* u. *2*), dem Oberboden (*4*) mit Stutzen und Einbauten. Den unteren Abschluß des vollständigen Apparates bildet ein durch Flacheisenring verstärkter Tellerboden (*7*).

Von den zahlreichen Stutzen eines solchen Apparates wurde nur ein beschränkter Teil dargestellt, um die Abbildung nicht unübersichtlich werden zu lassen. In der Stückliste sind sie jedoch mit allen für die Kalkulation wichtigen Abmessungen vollständig aufgeführt.

Zeichnung und Stückliste bilden den Ausgangspunkt für die Werkstattkalkulation. Die Aufschreibung der einzelnen Arbeitsgänge folgt wie gewohnt dem Fabrikationsvorgang, wobei auf mögliche Vereinfachungen oder auf besonders schwierige Arbeitsbedingungen Bedacht genommen werden muß; die Tabellenwerte können daher nicht in allen Fällen bedingungslos angewendet werden. Um den Fabrikationsvorgang ganz anschaulich darzustellen, wurde mit Hilfe graphischer Darstellung ein Fertigungsplan entworfen, an Hand dessen das Fortschreiten der Fabrikation und der allmähliche Zusammenfluß der Einzelteile zum Fertigfabrikat anschaulich verfolgt werden kann (vgl. Tafel III im Anhang). Derartige Pläne werden in der Fertigung als sogenannte Abstreichlisten verwendet. Der vorliegende Plan erfuhr gegenüber solchen Listen insofern eine Erweiterung, als die Arbeitsgänge ihrem tatsächlichen Zeitbedarf entsprechend eingetragen wurden. Eine ausführliche Besprechung soll weiter unten folgen; einstweilen genüge ein Hinweis auf dieses Anschauungsmittel, das uns die Verfolgung der Kalkulation erleichtern soll.

Die Zeitwerte des Beispiels sind den Tabellen unter sinngemäßer Anwendung auf die Sonderheiten der Fabrikation entnommen. Die Hauptgesichtspunkte bei Abfassung der Kalkulation seien im folgenden besprochen.

Mantelbleche des Oberteiles. Anzeichnen und Bohren. Die Mantelbleche werden im ebenen Zustand gebohrt; die niedrigen Betriebsdrücke lassen dieses vereinfachte Verfahren in manchen Fällen des Apparatebaues zu. Sorgfältiges Anzeichnen und Zusammenbauen ist bei dieser verbilligten Arbeitsweise selbstverständliche Voraussetzung. Die in Böden, Winkelringen und Mantelblechen getrennt und etwas kleiner gebohrten Nietlöcher müssen sich nach dem Zusammenbau ausreichend genau decken und nach erfolgtem Aufreiben ein befriedigendes Nietloch ergeben.

Je zwei der Mantelbleche sind untereinander gleich. Es genügt demnach, je eines der Bleche als Schablone vorzuzeichnen und mit dem anderen gemeinsam zu spannen und zu bohren. An den mitgebohrten Blechen sind vom Vorzeichner nur die Rißlinien für das spätere Beschneiden zu ziehen. Beim gemeinsamen Bohren der Bleche wird ein Teil der bei getrenntem Bohren erforderlichen Nebenarbeiten erspart. Diese Ersparnis ist größer als die durch das Zusammenspannen der Bleche erforderlich werdende Zeit.

Beschneiden: Beim Anreißen wurden zwei winkelrechte Blechkanten als Basis genommen, zu beschneiden sind demnach nur eine Längs- und eine Querseite.

Hobeln: Bei Apparaten, die meist nur außen gestemmt werden, kann man die inneren Blechkanten ungehobelt lassen. In unserer Kalkulation ist das Hobeln jedoch für alle vier Kanten eingesetzt.

Schärfen: Die Betrachtung der Zeichnung ergibt, daß an jedem Mantelblech zwei Ecken auszuschärfen sind.

Biegen: Da jeder Schuß aus zwei Blechen im Umfang besteht, sind nur zwei Drittel der Tabellenwerte einzusetzen.

Zwei Mantelbleche zur Heizkammer. Die Art und Reihenfolge der Arbeitsgänge ist analog. Zu beachten ist die größere Blechstärke. Die zwei Bleche müssen hier wegen der Rohrböden mit je vier Schärfen versehen werden.

Winkelringe. Das Anzeichnen auf Länge mit Paßzugabe ist in der Sägezeit inbegriffen. Das Anbringen der Stemmkanten kann auf zweierlei Art geschehen: durch Anhobeln im geraden Zustande oder durch Andrehen des fertig gebogenen und geschweißten Winkelringes. Hier ist das erstgenannte Verfahren zugrunde gelegt.

Am gebogenen, ungeschweißten Ring werden die Umfangsstichmaße der zugehörigen Mantelschüsse abgerollt, der Ring wird auf richtige Länge abgebrannt und zum Schweißen behauen. Die Zeit für das Abrollen der Maße ist der Geringfügigkeit wegen nicht besonders aufgeführt, ebenso die für das Brennen.

Oberboden: Er wird vom Hüttenwerk gepreßt und mit angedrehter Stemmkante bezogen. Die Arbeiten am Boden beschränken sich demnach auf das Anzeichnen der Nietlöcher für die Rundnaht und das Anbringen der Stutzen. Einstweilen werden nur die Nietlöcher der Rundnaht gebohrt.

Tellerboden. Auch dieser sei gepreßt und gedreht bezogen gedacht. Zu bohren sind neben den Nietlöchern für die Stutzen die Senklöcher für Annieten des Flacheisenringes, den die Konstruktion zur Verstärkung des Bodenrandes vorsieht.

Verstärkungsring. Den Hauptanteil der Zeit nimmt das Biegen und Richten in Anspruch. Dies ist durch die verhältnismäßig große hochkant zu nehmende Dimension des Querschnittes bedingt. Alle anderen Arbeitsgänge beanspruchen normale Arbeitszeiten. Den fertigen Ring vernietet man mit dem Tellerboden durch Senknieten. Die Schließköpfe werden mit dem Preßluftmeißel geebnet und anschließend gestemmt. Zwischen den Senknieten sind die Schraubenlöcher zur Befestigung des Bodens am Winkelflansch der Heizkammer zu bohren.

Stutzen 800 ⌀ am Oberboden. Die Fertigung bietet insofern Neues, als die Stutzenkrempe gebördelt werden muß. Anschließend wird sie mit dem Preßluftmeißel bearbeitet, die Nietlöcher werden angezeichnet und gebohrt. Der aus einem Flacheisenring angefertigte Flansch ist nach Fertigstellung innen durch Andrehen mit einer Schweißkante zu versehen. Der Flansch wird sodann mit dem Stutzen verschweißt und der ganze Stutzen zum Abdrehen der Dichtfläche auf die Bank genommen. (Die Dreharbeiten sind als in ein anderes Fertigungsgebiet fallend in die Kalkulation nicht aufgenommen.) Zuletzt werden die Schraubenlöcher im Flansch angezeichnet und gebohrt.

Anbringen von Stutzen (allgemein). Durch die zuerst gebohrten Nietlöcher des ausgerichteten Stutzens werden die Nietlöcher am Mantel (bzw. Boden) durchgerissen und gebohrt. Die Stutzenöffnung wird ausgebrannt und behauen. Unter Zwischenlage der parallel angefertigten Stemmscheibe (bei Gußstutzen) wird der Stutzen angeschraubt, die Blechwandungen werden angerichtet, dann wird aufgerieben, genietet und gestemmt.

Rohrböden, gepreßt und angedreht bezogen. Die große Zahl eng nebeneinander liegender gleicher Löcher ermöglicht beim Bohren eine schnellere Arbeitsweise. Die Tabellenwerte sind demnach nicht ohne weiteres in Anwendung zu bringen, vielmehr ist genaues Festlegen der Einrichte-, Neben- und Hauptzeiten erforderlich, was unter Berücksichtigung aller dieser Gesichtspunkte einen niedrigeren Satz ergibt, als die Tabellen ausweisen (ein ähnliches Beispiel ist S. 36 eingefügt). Ein Aufreiben der Rohrlöcher ist nicht vorgesehen, wohl aber ist auf sorgfältiges Entgraten Bedacht zu nehmen, um ein sicheres Anliegen der Walzstellen zu gewährleisten. Die Zeit hierfür fällt immerhin bei der Kalkulation ins Gewicht.

Von den Nietlöchern werden nur jene der äußeren Bodenkrempe gebohrt; die innere Aushalsung bleibt bis zum erfolgten Einbau des Zirkulationsrohres ungebohrt. Diese Vorsicht ist angebracht, denn es wäre bei getrenntem Bohren von Bodenaushalsung und Zirkulationsrohr kaum ein ausreichendes Decken der Löcher zu erzielen, sollen doch nicht nur die Nietreihen in zwei Rohrbodenkrempen mit dem Heizkammermantel, sondern auch die Nietreihen in Bodenaushalsungen und Zirkulationsrohr gleichzeitig übereinstimmen.

Zirkulationsrohr. Anzeichnen: nur Schnittkanten ohne Nietlöcher. Hobeln: Die Längsseiten für X-Schweißung, eine Querseite mit Stemmkante, die andere gerade. Schweißen: Außen und innen. Ausglühen und rundwalzen: Zur Beseitigung der Spannungen und Wiederherstellung der zylindrischen Form, da genaues Passen notwendig.

Zusammenbauarbeiten: Die beiden Mantelbleche der Heizkammer werden entgratet, zusammengebaut, geheftet, angerichtet, gerieben und so weit genietet, daß die Rohrböden noch von oben bzw. unten eingeschoben werden können. Den oberen Rohrboden vereinigt man vor dem Einbau in den Mantel mit dem Zirkulationsrohr, weil die Nietnaht an der Aushalsung später nicht mehr zugänglich ist. Boden und Rohr sind winklig auszurichten (Zeiten wesentlich erhöht), die Nietlöcher vom Inneren des Rohres her anzuzeichnen und gleichfalls von innen her mit transportabler Maschine zu bohren. Der gleiche Vorgang wiederholt sich bei der Aushalsung des unteren Rohrbodens. Nach dem Anrichten und Aufreiben der restlichen Löcher wird genietet und gestemmt, und die 2400 Messingrohre werden eingezogen und eingewalzt, worauf die Kammer auf Dichtigkeit zu prüfen ist. Das gleiche geschieht für den ganzen Apparat nach erfolgtem vollständigem Zusammenbau.

Für den letzten Posten der Kalkulation gelten die Bemerkungen, die der Kalkulation des Zweiflammrohrkessels angefügt wurden (S. 82).

Werkstattkalkulation des Verdampfapparates nach Abb. 20.

Pos.	Gegenstand	Arbeitsvorgang	Min.	Std.	Akk. Nr.
1 + 2	4 Mantelbleche 4180 × 2070 × 11 zum Oberteil	anzeichnen = 2 Schablonen je 270 Löcher, 20 ⌀, % 60 Min.	324	5,4	—
		2 × 2 Bleche zusammenlegen je 45 Min. u. durchbohren = 2 × 270 Löcher, 20 ⌀, 22 tief, je 1,8 Min..	1060	17,7	1
		4 Bleche beschneiden, je 2 Seiten = 4 mal 6,2 m, je 14 Min.	344	5,7	2
		4 Bleche je 4 Seiten hobeln = 4 × 12,4 m je 10 Min.	496	8,3	3
		4 Bleche schärfen = 8 Ecken, je 30 M.	240	4	4
		4 Bleche biegen, je 120 Min.	480	8	4
3	2 Mantelbleche 4180 × 2800 × 15 zur Heizkammer	anzeichnen = 1 Schablone = 448 Löcher, 20 ⌀, % 60 Min.	269	4,5	—
		2 Bleche zusammenlegen, je 45 Min., und durchbohren = 448 Löcher, 20 ⌀, 30 mm tief, je 2,4 Min. . . .	1120	18,7	1
		2 Bleche je 2 Seiten beschneiden = 2 mal 7 m, je 18 Min.	252	4,2	2
		2 Bleche je 4 Seiten hobeln = 2 × 14 m je 14 Min.	392	6,5	3
		2 Bleche schärfen = 8 Ecken, je 45 M.	360	6	4
		2 Bleche biegen, je 135 Min.	270	4,5	4
8	3 ∢ Ringe 90/90/20 2620 l. ⌀	3 ∢ Eisen absägen, je 14 Min. . . .	42	0,7	5
		3 ∢ Eisen je 1 Seite Stemmkante anhobeln, 3 × 8,5 m, je 12 Min. . . .	306	5,1	3
		3 ∢ Ringe biegen u. richten, je 550 M.	1650	27,5	6
		3 ∢ Ringe zum Schweißen behauen, je 40 Min.	120	2	7
		3 ∢ Ringe autogen schweißen, je 60	180	3	8
		3 ∢ Ringe anzeichnen = 3 × 300 Lö., % 55 Min.	495	8,2	—
		3 ∢ Ringe bohren: 3 × 120 Schraubenlöcher, 24 ⌀, je 2 Min., 3 × 180 Nietlöcher, 20 ⌀, je 1,8 Min.	1692	28,2	9
				168,2	

Pos.	Gegenstand	Arbeitsvorgang	Min.	Std.	Akk. Nr.
		Übertrag:		168,2	
4	1 gewölbter Oberboden, 2600 ⌀ × 13	anzeichnen = 180 L., 20 ⌀, % 50 Min.	90	1,5	—
		Nietlöcher bohren = 180 Löcher, 20 ⌀ 13 mm tief, je 1,4 Min. (auf Seitenbohrmaschine)	252	4,2	9
5	2 Rohrböden 2600 ⌀, 25 mm stark	anzeichnen u. ankörnen, je 1080 Min.	2160	36	—
		bohren[1]: 2 × 180 Nietlöcher, 20 ⌀, 25 mm tief, je 2,5 Min., 2 × 2400 Rohrlöcher, 30 ⌀, 25 mm tief, je 1,6 Min. (siehe Bemerkung)	8580	143	10
		2 × 2400 Rohrlöcher entgraten, je 0,8	864	14,4	11
6	1 Zirkulationsrohr, 600 l. ⌀ × 10, 2400 lg., aus 1 Blech 1920 × 2400 × 10	anzeichnen, 10 m, je 3,5 Min. . . .	35	0,6	—
		schneiden 2 Seiten = 4,3 m, je 10 Min.	43	0,7	2
		hobeln, 8,6 m, je 10 Min.	86	1,4	3
		biegen	110	1,8	4
		Längsnaht autogen schweißen, 2,4 m außen je 70 u. innen je 21 Min. . .	218	3,6	8
		nach dem Schweißen ausglühen und sauber rund walzen	150	2,5	4
5 + 6	1 Zirkulationsrohr m. oberem Rohrboden	zusammenbauen und ausrichten . .	270	4,5	13
		Nietlöcher anzeichnen, 40 L., % 60 M.	24	0,4	—
		mit Luftmaschine durchbohren, 40 L., 20 ⌀, 35 mm tief, je 8 Min. . . .	320	5,3	14
		entgraten, anrichten u. aufreiben . .	480	8	13
		nieten, 40 Nieten, 19 ⌀, je 6 Min. .	240	4	15
		stemmen: 40 Nieten, 19 ⌀, je 2,6 + 4, 4 m Naht, je 13 + 27 Min.	424	7,1	16
1, 2, 4, 8	1 Oberteil: 4 Mantelbleche Pos. 1 + 2, 1 Boden Pos. 4, 1 ∢ Ring Pos. 8	entgraten, zusammenbauen, anrichten und aufreiben	2680	44,7	13
		nieten, 716 Nieten, 19 ⌀, je 3 Min. .	2148	35,8	15
		stemmen: 536 Nieten, 19 ⌀, je 2,2 Min. 180 Nieten, 19 ⌀, je 2,6 Min., 33 m Naht, je 13 Min.	2076	34,6	16
3	1 Heizkammermantel = 2 Bleche Pos. 3	entgraten, zusammenbauen, anrichten und aufreiben	480	8	13
		nieten, 120 Nieten, 19 ⌀, je 3 Min. .	360	6	15
		stemmen: 120 Nieten, 19 ⌀, je 2,2 Min. 5,6 m Naht, je 20 Min.	376	6,3	16
3, 5, 6, 8	1 Heizkammer: 1 Mantel mit 2 Böden, 2 ∢ Ringen und 1 Zirkulationsrohr	entgraten, zusammenbauen, anrichten und aufreiben	4440	74	13
		Zirkulationsrohr mit unterer Bodenkrempe durchbohren, 40 Löcher, 20 ⌀, 35 mm tief, je 8 Min. . . .	320	5,3	14
		nieten: 720 Nieten, 19 ⌀, je 3 Min., 40 Nieten, 19 ⌀, je 6 Min.	2400	40	15
				661,9	

[1] Bohrzeit nach spez. Kalkulation.

Pos.	Gegenstand	Arbeitsvorgang	Min.	Std.	Akk. Nr.
		Übertrag:		661,9	
		stemmen: 360 Nieten, 19 ⌀, je 2,2 Min. 720 Nieten, 19 ⌀, je 2,6 Min., 40 N. 19 ⌀, je 3 u. 4 Min., 34 m Naht, je 20	3634	60,5	16
7	1 Tellerboden	gepreßt bezogen	—	—	—
		anzeichnen, 108 Löcher, % 175 Min.	189	3,1	—
		bohren: 40 Löcher für Verstärkung, 20 ⌀, 20 mm tief, je 1,8 Min., 40 L. versenken, je 0,8 Min., 36 Löcher für Stutzen Pos. 11, 20 ⌀, 20 mm tief, je 1,8 Min., 32 Löcher für Stutzen Pos. 12, 20 ⌀, 20 mm tief, je 1,8 Min.	230	3,8	17
28	1 Verstärkungsring aus ⌀ 100 × 20, 2800 ä. ⌀	biegen und richten	720	12	37
		zum Schweißen behauen	42	0,7	7
		schweißen (autogen).	55	0,9	8
		anzeichnen, 40 Löcher, % 100 Min. .	40	0,7	—
		40 Nietlöcher bohren, 20 ⌀, 20 mm tief, je 1,8 Min.	72	1,2	17
7, 28	1 ⌀ Ring Pos. 28 an den Tellerboden Pos. 7	anschrauben, anrichten u. aufreiben,	330	5,5	13
		annieten, 40 Versenknieten, je 4,5 M.,	180	3	15
		stemmen u. behauen, 40 Nieten, je 2,2 u. 2 Min.	168	2,8	16
		120 Schraubenlöcher anzeichnen, % 60 Min.	72	1,2	—
		120 Schraubenlöcher, 24 ⌀, 40 mm tief bohren, je 3,3 Min.	396	6,6	17
11 + 12	1 Stemmscheibe 500 l. ⌀ 2 dgl. 125 l. ⌀	schneiden u. bohren, 1 × 40 + 2 × 20 .	80	1,3	12
		ausbrennen 1 × 12 + 2 × 7	26	0,4	8
11 + 12	1 Gußstutzen 500 ⌀, 36 Niet. 2 Gußstutzen, 125 ⌀, 32 Niet.	an den Tellerboden anschrauben, anrichten u. aufreiben, 1 zu 220 und 2 je 120 Min.	460	7,6	13
		annieten, 68 Nieten, 20 ⌀, je 8,5 Min.	578	9,6	15
		stemmen, 68 Nieten, 20 ⌀, je 10 Min.	680	11,3	16
13 + 13 a	1 Saftfang aus 4 mm-Blech	3 Bleche anzeichnen, je 24 Min. . .	72	1,2	—
		3 Bleche schneiden, 3 × 4 m, je 5 Min.	60	1	12
		3 Bleche biegen u. richten, je 150 Min.	450	7,5	18
		3 Längsnähte schweißen, 3,6 m, je 36 u. 14 Min.	180	3	19
		1 Konus nach dem Schweißen richten	120	2	18
		1 Rohrstück absägen	5	0,1	19
		1 Rohrstück einschweißen	36	0,6	19
		1 Flansch aufziehen u. walzen . . .	24	0,4	20
				810,9	

Pos.	Gegenstand	Arbeitsvorgang	Min.	Std.	Akk. Nr.
		Übertrag:		810,9	
16	2 Rohre, 75 ⌀,	absägen, je 5 Min.	10	0,2	5
	2000 lg.	anzeichnen, 4×3 Min.	12	0,2	—
	4 Flanschen	bohren, 4×4 Löcher, je 1 Min. . . .	16	0,3	21
		aufwalzen, 4×24 Min..	96	1,6	20
	1 Schelle aus ⍁ 50/10	biegen und fertig bearbeiten . . .	70	1,2	22
15	6 ⍁ 50×10 zur	biegen, je 12 Min.	72	1,2	22
	Befestigung	bohren, 6×4 Löcher, je 1,2 Min. . .	29	0,5	21
	des Saftfängers	am Saftfang anbohren, 24 L., je 1,5	36	0,6	21
14	1 Blechring,	schneiden, 5 m, je 5 Min.	25	0,4	12
	4 mm, 1500 ⌀,	biegen u. richten, 1/2 von 75 Min. . .	37	0,6	18
	200 mm hoch	am Boden Pos. 4 anschweißen = 8 Heftstellen, je 15 Min.	120	2	23
9	1 Blechstutzen,	anzeichnen	24	0,4	—
	800 ⌀, 400hoch	schneiden, 3,5 m, je 9 Min.	33	0,5	12
	aus 10-mm-Bl.	hobeln, 4,5 m, je 10 Min.	45	0,7	3
		biegen	75	1,2	18
		1 Krempe bördeln	450	7,5	22
		1 Krempe, Nietlöcher anzeichnen, 54 Löcher, % 50 Min.	27	0,5	—
		1 Krempe, Nietlöcher bohren, 54 L., 20 ⌀, je 1,2 Min.	65	1,1	21
		1 Krempe behauen, 3 m, je 25 Min. .	75	1,2	7
10	1 ⍁ Ring,	biegen und richten	200	3,3	22.
	80×20, 800 ⌀	schweißen (autogen).	24	0,4	23
		an Pos. 9 anschweißen, 2,6 m, je 82 M.	204	3,4	23
		40 Schraubenlöcher anzeichnen, % 55	22	0,4	—
		40 Schraubenlöcher bohren, 21 ⌀, je 1,8 Min.	72	1,2	21
9, 15 + 23	1 Stutzen Pos. 9 54 L., 2 Guß-stutzen Pos. 23 24 L., 6 Halter Pos. 15, 6 Lch.	an den Oberboden Pos. 4 anzeichnen, 84 Löcher, % 175 Min.	147	2,5	—
		anbohren, 84 Löcher, je 3,6 Min. . .	302	5	21
		anschrauben, anrichten u. aufreiben, 1 zu 230, 2 je 80 u. 6 je 12 Min. .	462	7,7	24
		annieten: 54 Nieten, 19 ⌀, je 5, 24 N., 19 ⌀, je 8,5, 6 N., 16 ⌀, je 4,2 Min.	500	8,3	25
		stemmen: 54 Nieten, 19 ⌀, je 6, 24 N. 19 ⌀, je 10, 6 N., 16 ⌀, je 2,5 Min.	579	9,6	26
23 a	2 Stemmschei-ben, 50 l. ⌀	schneiden und bohren, je 15 Min. .	30	0,5	12
		ausbrennen, je 5 Min.	10	0,2	19
13 14	1 Saftfang in das Oberteil	komplett einpassen u. einbauen . .	450	7,5	24
				881,6	

Pos.	Gegenstand	Arbeitsvorgang	Min.	Std.	Akk. Nr.
		Übertrag:		881,6	
17	2 Gußstutzen,	anzeichnen:			
	48 Löcher, 20 ∅	80 Löcher, 23 ∅, % 120 . . .			
18	1 Gußstutzen,				
	18 Löcher, 20 ∅	183 Löcher, 20 ∅, % 100 Min. .	330	5,5	—
19	3 Schaugläser,				
	42 Löcher, 20 ∅	60 Löcher 17 ∅, % 85 Min. . .			
20	1 Gußstutzen,				
	30 Löcher, 20 ∅				
21	4 Gußfüße,	bohren:			
	80 Löcher, 23 ∅	80 Löcher, 23 ∅, je 2,8 Min. . .			
22	3 Gußstutzen,				
	45 Löcher, 20 ∅	183 Löcher, 20 ∅, je 2,5 Min.	819	13,6	28
24	4 Gußstutzen,				
	60 Löcher, 17 ∅	60 Löcher, 17 ∅, je 2,3 Min. .			
		am Apparat anzeichnen:			
		80 Löcher, 23 ∅, % 200 Min. . .			
		183 Löcher, 20 ∅, % 175 Min. . .	570	9,5	—
		60 Löcher, 17 ∅, % 175 Min. . .			
		am Apparat anbohren mit Luftbohrmaschine:			
		80 Löcher, 23 ∅, je 4,5 Min. . . .			
		183 Löcher, 20 ∅, je 3,8 Min. . .	1270	21,2	28
		60 Löcher, 17 ∅, je 3,6 Min. . .			
		14 Löcher ausbrennen, 3 je 15 Min. u. 11 je 10 Min.	155	2,6	32
		14 Stutzenlöcher schräg hauen, 3 je 30 und 11 je 25 Min.	365	6,1	33
		Stutzen u. Füße anschrauben, anrich- u. aufreiben:			
		1 400 ∅ je 180 Min.			
		2 300 ∅ je 165 Min.			
		3 150 ∅ je 125 Min.			
		1 100 ∅ je 110 Min.	2145	35,7	29
		3 80 ∅ je 100 Min.			
		4 60 ∅ je 90 Min.			
		4 Füße je 120 Min.			
		annieten:			
		80 Nieten, 22 ∅, je 10 Min. . .			
		183 Nieten, 19 ∅, je 8,5 Min. . .	2805	46,7	30
		60 Nieren, 16 ∅, je 7,5 Min. . .			
		stemmen:			
		80 Nieten, 22 ∅, je 11,5 Min. . .			
		183 Nieten, 19 ∅, je 10 Min. . . .	3290	54,8	31
		60 Nieten, 16 ∅, je 9 Min. . . .			
	18 Stemmscheiben zu Pos. 17 bis 24	anzeichnen, schneiden u. bohren: 1 zu 40, 2 je 35, 3 je 30, 1 zu 25, 7 je 20 und 4 je 30 Min.	485	8,1	12
		ausbrennen: 3 je 10, 4 je 8 u. 7 je 5 M.	97	1,6	32

1087,— Std.

Pos.	Gegenstand	Arbeitsvorgang	Min.	Std.	Akk. Nr.
		Übertrag:		1087,–	
25	2 Rohrstutzen, 60 l. ⌀	anfertigen und in die Heizkammer einpassen u. einschweißen, je 70 M.	140	2,3	32
27	2 Rohrstutzen, 30 l. ⌀	anfertigen und in die Heizkammer einpassen u. einschweißen, je 52 Min.	104	1,9	32
	4800 Rohrlöcher	sauber machen, zum Rohre einziehen	960	16	27
26	2400 Rohre, 30 äuß. ⌀	in den Apparat einziehen und beide Enden walzen, je 4,8 Min. . . .	11520	192	27
	1 Heizkammer	auf Hölzer legen, sämtliche Öffnungen blind zuschrauben, füllen, probieren und Wasser wieder ablassen . . .	720	12	35
	1 Heizkammer mit Oberteil	zusammenbauen, Dichtung herrichten u. zwischenlegen u. mit 120 Schrauben $^7/_8$″ zusammenschrauben . .	1320	22	35
	1 Tellerboden an die Heizkammer	anbauen, Dichtung herrichten und zwischenlegen u. mit 120 Schrauben $^7/_8$″ verschrauben	1080	18	35
	1 kompl. Apparat (Ober- u. Unterteil)	auf Hölzer legen, alle Flanschen blind verpacken, Apparat füllen, probieren u. Wasser wieder ablassen	1020	17	35
	1 Apparat	außen reinigen, 63 m², je 4 Min. . .	252	4,2	36
		außen streichen, 63 m², je 8 Min. . .	504	8,4	36
	1 Schild	anbohren und anbringen	60	1	34
		Für unvermeidliche Transporte innerhalb der Werkstatt etwa 4% . .	—	48,2	—
				1430,– Std.	

Akkordzusammenstellung.

1. Anzeichnen, im Lohn ausgeführt . . . . 84,8 Std.
2. Schneiden, Akkord Nr. 2, 12 . . . . 22,4 „
3. Hobeln, Akkord Nr. 3 . . . . 22 „
4. Bohren, Akkord Nr. 1, 9, 10, 14, 17, 21, 28 . . . . . . 276,4 „
5. Sägen, Akkord Nr. 5 . . . . 0,9 „
6. Schärfen und biegen, Akkord Nr. 4, 18. . . . . 38,1 „
7. Schmieden, Akkord Nr. 6, 22, 37 . . . . 51,8 „
8. Schweißen und brennen, Akkord Nr. 8, 19, 23, 32 . . . 26 „
9. Anrichten und aufreiben, Akkord Nr. 11, 13, 24, 29, 35 . 286,6 „
10. Nieten, Akkord Nr. 15, 25, 30. . . . . 153,4 „
11. Stemmen, Akkord Nr. 16, 26, 31, 34. . . . . 188 „
12. Behauen usw., Akkord Nr. 7, 20, 33 . . . . 10,8 „
13. Rohre einziehen, Akkord Nr. 27 . . . . 208 „
14. Reinigen und streichen, Akkord Nr. 36 . . . . 12,6 „
15. Transporte . . . . 48,2 „

1430,– Std.

III. Graphischer Fertigungsplan.

Für eine planvolle Abwicklung der Fabrikation genügt es nicht, den einzelnen Arbeitsgängen in bezug auf Verbesserungsfähigkeit nachzuspüren und im kleinen Ersparnisse zu suchen, wenn nicht gleichzeitig die große Linie im Auge behalten wird. Es gilt nicht nur, den Ablauf des einzelnen Arbeitsganges durch Schaffen günstiger Arbeitsbedingungen, durch Bereitstellen der geeignetsten Hilfsmittel, durch Abschluß richtiger, den Arbeitsfrieden und die Arbeitsfreudigkeit fördernder Akkorde helfend zu beeinflussen. Wir dürfen den Fabrikationsvorgang als solchen nicht als Selbstzweck nehmen und müssen unseren Gesichtskreis in kaufmännisch-wirtschaftlicher Hinsicht erweitern.

Der Werteumsatz im Fabrikbetrieb soll sich in möglichst kurzer Zeit vollziehen. Je kürzer die Zeit zwischen Auftragserteilung und Ablieferung des Fertigprodukts, desto geringer sind die Zinsenlasten der im Material angelegten Geldwerte, um so rascher wird kostbarer Raum unter den Kranen frei, um so eher also wird die Werkstatt für neue Aufträge aufnahmefähig, und desto günstiger ist der Ausnutzungsgrad der Werkeinrichtungen. Nicht zuletzt wird der Kunde durch Einhaltung der zugesagten Termine befriedigt — ein nicht unwichtiges psychologisches Moment heutiger Verkaufstechnik.

Ohne eingehende Planung, d. h. also: Klarheit bei Terminabgabe über die Aufnahmefähigkeit der Werkstätten, Berücksichtigung der Konstruktionsdauer, Disposition des rechtzeitigen Materialeinganges, Übersicht über den Zeitbedarf der Fertigung des übernommenen Auftrages und der Verteilung dieser Zeiten auf die Arbeitsplätze, endlich ohne Ermittlung der Arbeitsbelastung des einzelnen Arbeitsplatzes durch die insgesamt laufenden Aufträge wird die Beherrschung der Fabrikation in Hinsicht auf Kürzung der Gesamtfertigungsdauer nicht möglich sein. Es ist dies ein äußerst schwieriges, aber ebenso dankbares Gebiet, denn die Reibungen infolge fehlender oder mangelhafter Disposition machen sich im Fabrikbetrieb äußerst unangenehm fühlbar. Die Werkstatt ist unter Umständen durch eine Zahl von Einzelteilen beschwert, an denen nicht weitergearbeitet werden kann, weil entweder die Arbeitsmaschinen durch noch eiligere

Sachen besetzt sind, oder Zusammenbauteile fehlen, die in der Fabrikation zurückgeblieben waren.

Man wird sich darüber klar sein müssen, daß eine ideale Lösung des Terminproblems in den seltensten Fällen möglich sein wird, vielleicht dort, wo auf Lager gearbeitet werden kann. In der Einzelfertigung, bei welcher erst der erteilte Lieferungsauftrag alle Arbeiten einleitet, wird man oft arg in die Klemme kommen. Der Kunde diktiert in vielen Fällen die Lieferfrist und bewirkt so je nach Wichtigkeit der Lieferung Umdispositionen; die bestellten Rohmaterialien treffen nicht im erforderlichen Moment ein, zum Zeitpunkt der Aufstellung des Gesamtfertigungsplanes stehen zur Anfertigung der Kalkulation, welche den Ausgangspunkt zur Ermittlung der Platzbelegung bildet, die zeichnerischen Unterlagen noch nicht zur Verfügung. Der Terminplan in solchen Werken wird also ein Kompromiß vorstellen müssen, das sich den jeweils geltenden Verhältnissen elastisch anzupassen weiß, aber doch die zu erfüllenden Notwendigkeiten klar erkennen läßt.

Der Zeitbedarf der Fertigung, wie ihn allein die Vorkalkulation erkennen lassen kann, bildet die Ausgangsstelle für die Planung der Termine. Der Kalkulation kommt also auch hier eine wichtige Aufgabe zu.

Die Reihenfolge der Arbeiten, der Zusammenfluß der Einzelteile zu immer größer werdenden Komplexen, die zeitliche Folge des Zusammenbaues läßt sich am besten an Hand graphischer Darstellung verfolgen[1]. Vervollständigt man einen solchen Fertigungsplan insofern, als man den einzelnen Arbeitsgang seiner Dauer gemäß maßstäblich aufzeichnet, so kann man, vom Endprodukt beginnend und in verkehrter Reihenfolge die Arbeitsgänge auftragend jenen Zeitpunkt feststellen, an welchem das Einzelmaterial spätestens zur Verfügung stehen muß, wenn der Endtermin eingehalten werden soll, und um wieviel sich der Endtermin hinausschiebt, wenn das Einzelmaterial zum planmäßig festgelegten Zeitpunkt nicht eingegangen war. Andererseits läßt sich erkennen, welche Arbeitsstücke den größten Zeitaufwand erfordern und somit zuerst in Angriff genommen werden müssen, welche hingegen später zurecht kommen und zur Vermeidung von Werkstückanhäufungen im Lager belassen werden können. Nicht

[1] Vgl. Betriebshütte. Verlag Wilhelm Ernst u. Sohn, Berlin, 2. Aufl. 1924, S. 553: Abstreichlisten.

zuletzt ersieht man aus dem Plane die Platzbesetzung, d. h. den Arbeitsvorrat der einzelnen Maschinen oder Arbeitsplätze.

Ein solcher Fertigungsplan wurde für den im letzten Beispiel besprochenen Verdampfapparat entworfen (vgl. Tafel III im Anhang). Die Zahl der verfolgten Einzelteile konnte auf das Wesentliche beschränkt werden, ebenso waren die Stutzen und sonstigen Anniet- oder Einschweißteile nach ihrer Lage an den Hauptteilen des Apparates (Heizkammer, Oberteil, Oberboden, Tellerboden) in Gruppen zusammenzufassen.

In der Ordinate ist das Fortschreiten der Arbeitsgänge verzeichnet, die Abszisse stellt den zeitlichen Verlauf dieser Gänge dar. Das Maß der Teilung gibt dabei die Länge eines normalen Arbeitstages von 8 Stunden an, so daß vom Endtermin aus die Kalenderdaten nachgetragen werden können.

Während die Akkordkarte auf die Gesamtzahl der Stunden aller am Akkord beteiligten Leute ausgefertigt ist, interessiert hier nur die tatsächliche Dauer der Arbeit. Über die Zahl der Kolonnenteilnehmer wurden daher je nach der Arbeitsart und der Größe des bearbeiteten Stückes bestimmte Annahmen getroffen. Die Querstriche durch die den Arbeitsgang darstellende Waagrechte sollen die Zahl der Leute andeuten (kein Querstrich: 1 Mann).

Die unvermeidlichen Transporte und Ruhepausen zwischen den Einzelarbeiten deuten sich durch das schräge Abfallen der Verbindungslinien von Operation zu Operation an. Der Plan selbst zeigt die Herstellung des Apparates so, als ob nur an diesem Auftrag allein gearbeitet würde. Da dies nicht der Fall ist, sind die Zeitpunkte des Beginnes der Arbeit an einem Einzelteil nur so zu werten, daß sie den spätesten Termin des Arbeitsbeginns darstellen, der noch eine Gewähr für rechtzeitiges Fertigwerden bei Ausbleiben weiterer Störungen bietet. In der Praxis wird man also unter Berücksichtigung der sonst noch laufenden Aufträge früher mit der Fertigung beginnen müssen. Der Plan dient dann als Kontrolle, ob keiner der Einzelteile im Rückstand geblieben ist.

Wie der Plan deutlich zeigt, benötigt die Heizkammer den größten Zeitraum, bedingt durch die zahlreichen Stutzen, die Rohrböden mit ihrer hohen Lochzahl, die vielen einzuwalzenden Rohre. 15 Arbeitstage später muß mit den Blechstutzen und den sonstigen Teilen des Oberbodens begonnen werden, um ihn mit dem nachfolgenden Mantel des Oberteils zusammenbauen zu können. Am längsten hat der Tellerboden Zeit, da er zuletzt angeschraubt wird. Insgesamt werden 45 Arbeitstage bei störungsfreiem idealem Verlauf benötigt, also $7^1/_2$ Wochen nach Eingang der auswärts bestellten Materialien.

Sämtliche Stücke passieren zu Beginn der Fertigung den Anreißstand, und auch während der Fabrikation hat der Vorzeichner mit ihnen zu tun. Die Spalten 1, 16, 18, 20, 28 gehören ihm. Ebenso läßt sich mit einem Blick der durch diesen Auftrag verursachte Arbeitsvorrat für das Bohren, Hobeln, Schneiden, Schweißen, für die Feuerschmiede, Nieter, Stemmer und Handarbeiter übersehen. Sehr stark sind die Bohrmaschinen besetzt, ihnen wird man besonderes Augenmerk zuwenden müssen. Man erkennt leicht die besondere Eignung derartiger Pläne für die Disposition in der Werkstatt.

Für den Vorkalkulator ist ein solcher Plan der Niederschlag seiner gedanklichen Vorstellung über das Werden des Erzeugnisses. Die einmalige Aufstellung eines Fertigungsplanes für häufiger vorkommende Typen — in diesem Falle in Form einer Abstreichliste ohne Rücksicht auf die Einzelarbeitsdauer — entlastet sein Gedächtnis und hilft ihm bei Abfassung der Kalkulation, an Hand derer der Plan dann so ergänzt werden kann, daß die Dauer der Arbeiten maßstäblich abzulesen ist. Aber auch Abstreichlisten in der oben bezeichneten Form werden bei niedriger gespannten Ansprüchen genügen, wenn in dem ohne Rücksicht auf die Größe einmal ermittelten Normalplan einer bestimmten Bauart bei jedem Arbeitsgang seine Dauer schriftlich vermerkt und die Akkordnummer angegeben wird. Die Verfeinerung in der Anwendung solcher Fertigungspläne wird also je nach Art der Fabrikation gesteigert werden können.

Die Angebotskalkulation, welche sich rasch ein übersichtliches Bild der notwendigen Arbeitszeiten und ihrer Verteilung auf die einzelnen Arbeitsarten machen muß, wird durchgearbeitete Fertigungspläne erledigter Aufträge ebenfalls mit großem Nutzen verwerten können.

IV. Angebotskalkulation.

1. Grundsätzliches.

Über die Grundfragen der Angebotskalkulation haben wir uns in der Einleitung schon ausgesprochen. Die Bedingungen, die ihr gestellt werden, sind denkbar widersprechend; sie soll genau und doch nicht zeitraubend, schlagfertig und doch treffsicher sein. Sie arbeitet bei der beschränkten Zahl von Auftragseingängen gegenüber umfangreicher Angebotsarbeit mit einem ungünstigen Wirkungsgrad und muß ihre Methoden möglichst vereinfachen. Trotzdem darf sie nicht flüchtige Arbeit leisten, denn jedes Angebot — und gerade die knapp gerechneten — kann zum Auftrag führen und die Ursache von Verlusten werden. Ebenso darf sie nicht über das Ziel schießen und die Preise zu großzügig einsetzen, weil sonst Aufträge verlorengehen.

Ihre wünschenswerte Treffsicherheit wird die Angebotskalkulation nur dann erreichen, wenn sie alle Erfahrungsquellen des Werkes sich nutzbar macht und die Unterlagen, die ihr aus der Nachrechnung, der Werkstattvorkalkulation, dem Einkauf, der Buchhaltung zur Verfügung stehen, in der für die eigenen Zwecke brauchbarsten Weise zusammenstellt. Eine der Grundbedingungen bei der Endpreisfeststellung ist die Anwendung eines richtigen Verfahrens der Selbstkostenermittlung. In der Schrift „Selbstkostenrechnung (Vorrechnung und Preiskalkulation) im Maschinenbau“ des Vereins Deutscher Maschinenbauanstalten findet sich eine ausführliche Kritik der einzelnen Rechnungsmethoden, die an Klarheit nichts zu wünschen übrig läßt. Wir können es uns nicht versagen, die Hauptpunkte dieser für uns wichtigen Abhandlung hier kurz zusammenzufassen.

Die gesamten Aufwendungen bei Herstellung eines Erzeugnisses lassen sich gliedern in Einzelkosten und Gemeinkosten. Einzelkosten (oder unmittelbare Kosten) sind solche, die unmittelbar für das einzelne Erzeugnis oder den einzelnen Auftrag (Kostenträger) festgestellt werden können. (Einzelmaterial, Einzellöhne, aber auch Modellkosten, Werkzeugkosten, Konstruktionskosten usw.) Gemeinkosten (oder mittelbare Kosten) sind alle anderen Kosten, die für die Gesamtheit der Kostenträger ermittelt werden, so daß ihre Verteilung auf die einzelnen Erzeugnisse oder Aufträge nach irgendeinem Schlüssel erfolgen muß.

Weil diese Verteilung eine der größten Fehlerquellen bei der Preisbildung ist, sollten alle Kosten, die sich in ihrer wahren Höhe für ein Erzeugnis feststellen lassen, auch bei der Selbstkostenrechnung möglichst unmittelbar für das Erzeugnis gebucht werden. Die verbleibenden Gemeinkosten müssen durch Zuschläge auf die Einzelkosten verrechnet werden. Dies geschieht

1. durch Zuschläge zum Gewicht der Erzeugnisse,
2. durch prozentuale Aufschläge auf die Einzellöhne,
3. durch Trennung der Gemeinkosten in Betriebsunkosten und Handlungsunkosten, wobei die Betriebsunkosten auf die Fertigungslöhne, die Handlungsunkosten auf die reinen Herstellungskosten, (Material plus Löhne plus Betriebsunkosten) aufgeschlagen werden.

Ferner als vollkommenstes Verfahren

4. die Trennung der Gemeinkosten nach ihren Zweckgebieten in Gemeinkosten des Materialwesens, Gemeinkosten der Fertigung und Gemeinkosten des Vertriebes.

Die unter 1—3 genannten Verfahren sind insbesondere für Werke mit vielartigen Erzeugnissen zu ungenau. Das Verhältnis der Materialmengen und Materialwerte zu den Summen der Fertigungslöhne und Lohnstunden ist bei verschiedenen Erzeugnissen außerordentlich verschieden. Als Regel soll gelten, daß nicht mehr als nötig durch Zuschlag auf die selbst schwankenden Fertigungslöhne zu decken ist. Erzeugnisse mit hohem Lohnwert werden sonst zu hoch und solche mit geringem Lohnwert zu niedrig belastet.

Nach Vorschlag 4 sind die Gemeinkosten wie folgt zu verteilen:

a) Die Gemeinkosten des Einkaufs der Materialien, ihr Auflagernehmen, ihre Lagerung und Pflege sind durch Zuschläge auf Menge, Gewicht und Wert der Materialien zu decken.

b) Die Gemeinkosten der Fertigung sind durch Zuschläge auf die Fertigungslohnstunden (Zeitzuschläge) oder Fertigungslohnsummen zu decken.

c) Die Gemeinkosten des Vertriebes sind durch Zuschläge auf die Herstellungskosten, d. h. die Summe von Werkstoffgesamtkosten und Fertigungsgesamtkosten zu decken.

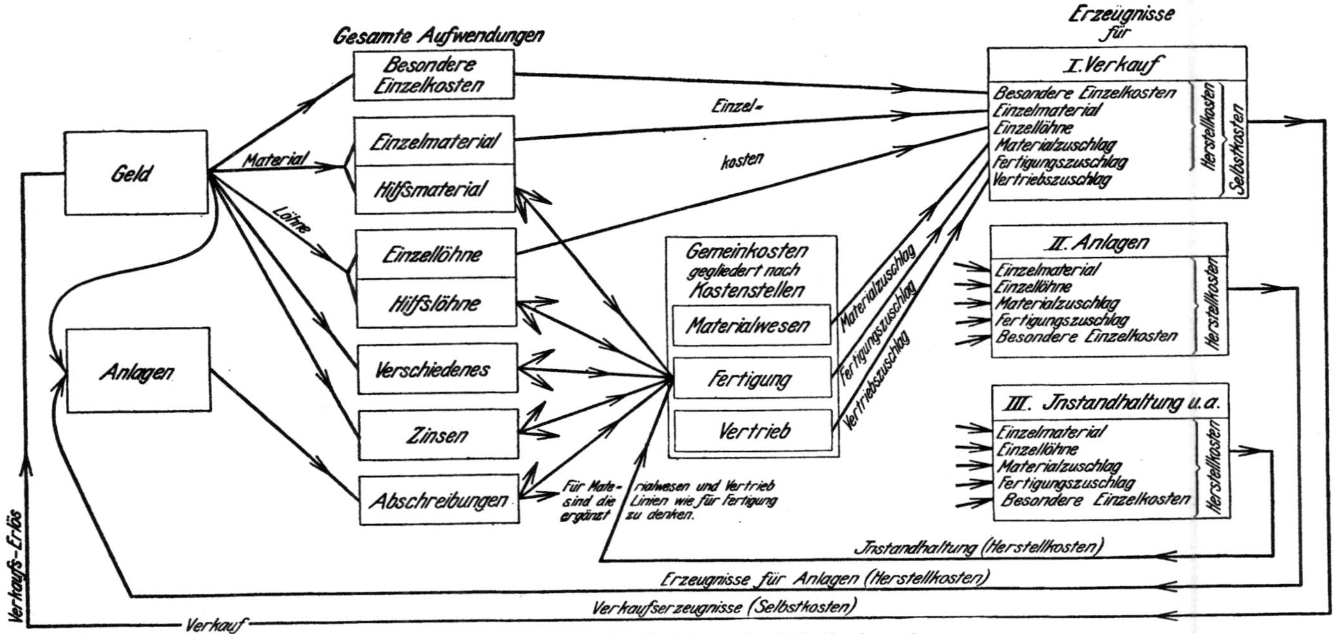

Schema II. Vervollkommnetes Verfahren der Selbstkostenrechnung
(entnommen aus der Schrift: Selbstkostennachrechnung und Buchhaltung in Maschinenfabriken, VDMA.).

Das Schema II (entnommen aus der Schrift „Selbstkostennachrechnung und Buchhaltung in Maschinenfabriken“, Verein Deutscher Maschinenbauanstalten, S. 8, Schema 2) gibt eine anschauliche Darstellung des Verfahrens der Selbstkostenermittlung.

Eine dauernde Überwachung der Richtigkeit der Zuschlagssätze ist unbedingte Voraussetzung für die richtige Preisbildung.

Nach diesen vorbereitenden Erläuterungen wird es leicht erklärlich sein, wie vorsichtig bei der Abgabe von Angeboten vorgegangen werden muß, soll der errechnete Preis nicht weit von der Wahrheit entfernt liegen. Ein Verfahren nach 1, welches die Kosten durch Zuschläge auf das Materialgewicht ermittelt, versagt vollständig, wenn es sich um verschiedene Erzeugnisse handelt, und seine Anwendung bei verschiedenen Größen der gleichen Bauart ist immer noch ungenau genug, daß der festgestellte Verkaufspreis unter den Selbstkosten liegen kann. Weil dieses Verfahren mit 100 kg-Preisen doch noch verhältnismäßig oft und gerade in Werkstätten mit vielartigen Erzeugnissen bevorzugt wird, soll an einem besonderen Beispiel die Verschiedenheit der Resultate vorgerechnet werden.

21. Beispiel: Es handele sich um 2 Behälter von gleichem Fassungsinhalt und gleichen Blechstärken, jedoch verschiedener Verteilung der Hauptabmessungen, so daß der Angebotskalkulator ohne weiteres dazu neigen wird, die 100 kg-Preise des bereits einmal angefertigten Behälters seinem neuen Angebot zugrunde zu legen; er wird es um so sicherer tun, als die Gewichte der beiden Behälter gleich groß sind. Im folgenden die Kalkulation der beiden Bassins.

Behälter I. Inhalt = 5,6 m³.
2500 × 1500 — 1500 hoch

Material:

1 Bodenblech 2500 × 1500 × 6	180 kg
3 Mantelbleche 2720 × 1500 × 5	450 „
8 m ∢ 60/60/8	57 „
8 m ∢ 50/50/7	42 „
7,2 m Anker ∢ 50/50/7	37 „
5,5 m ⍁ 50 × 8	18 „
Nieten 13 × 35	37 „
Gewicht	821 kg

Behälter II. Inhalt = 5,6 m³
2500 × 2250 — 1000 hoch

Material:

2 Bodenbleche 2500 × 1150 × 6	278 kg
5 Mantelbleche 1950 × 1000 × 5	390 „
9,5 m ∢ 60/60/8	67 „
9,5 m ∢ 50/50/7	49 „
Nieten 13 × 35	41 „
Gewicht	825 kg

Behälter I (Fortsetzung).

1 Bodenblech anzeichnen 220 Löcher % 40 Min. .	88 Min.
schneiden 5 m je 7 Min. u. lochen 216 je 0,5 M.	143 „
hobeln 8 m je 7,5 Min.	60 „
richten	40 „
3 Mantelbleche anzeichnen 1 zu 88 + 2 je 40 Min.	168 „
schneiden 4,2 je 7 Min. u. lochen 220 je 0,5 M.	417 „
hobeln 8,4 je 6,5 = 54	162 „
6 Ecken schärfen je 12	72 „
4 Ecken biegen je 90	360 „
1 ∢ Rahmen 60/60/8 4 Ecken biegen je 70 M.	280 „
1 ∢ Rahmen 50/50/7 4 Ecken biegen je 60 M.	240 „
2 ∢ Rahmen einpassen u. anzeichnen	360 „
bohren 540 L. 14 ⌀ je 0,8 Min.	432 „
zus.schweißen 4 × 15	60 „
6 Ankerwinkel anzeichnen je 6 Min., absägen je 4 Min.	60 „
bohren 72 L. 14 ⌀ je 0,8	58 „
3 Anker ⧄ Eisen schneiden je 2, richten je 6 M.	24 „
anzeichnen je 6, bohren je 2 Min.	24 „
1 Behälter zus.bauen, anrichten u. aufreiben . .	480 „
1 Behälter nieten 670 N. 13 ⌀ je 2,2 Min. . . .	1470 „
1 Behälter stemmen 560 N. je 1,4 u. 21 m je 8 Min.	950 „
1 Behälter probieren . .	120 „
1 Behälter außen anstr.	128 „
Transport u. Diverses . .	306 „
	6500 Min.
	= ~ 108 Std.

Behälter II (Fortsetzung).

2 Bodenbleche anzeichnen 400 Löcher % 40 Min.	160 Min.
schneiden 3,7 je 7 Min. u. lochen 205 je 0,5 M.	256 „
hobeln 7,2 je 7,5 Min.	108 „
schärfen 2 je 12 Min. u. richten 2 je 35 Min..	94 „
5 Mantelbleche anzeichnen 1 zu 54 u. 4 je 25 M.	154 „
schneiden 3,7 je 7 Min. u. lochen 137 je 0,5 M.	460 „
hobeln 6 je 6,5 = 39 M.	195 „
10 Ecken schärfen je 12	120 „
4 Ecken biegen je 70 M.	280 „
1 ∢ Rahmen 60/60/8 4 Ecken biegen je 70	280 „
1 ∢ Rahmen 50/50/7 4 Ecken biegen je 60	240 „
2 ∢ Rahmen einpassen u. anzeichnen	400 „
2 ∢ Rahmen bohren 675 Löcher je 0,8 Min.	540 „
zus.schweißen 4 × 15	60 „
1 Behälter zus.bauen, anrichten u. aufreiben . .	600 „
1 Behälter nieten 885 N. 13 ⌀ je 2,2 Min. . . .	1947 „
1 Behälter stemmen 750 N. 13 ⌀ je 1,4 Min., 26 m Naht je 8 Min.	1258 „
1 Behälter probieren . .	120 „
1 Behälter außen anstr.	128 „
Transport u. Diverses . .	310 „
	7710 Min.
	= ~ 128 Std.

Gewicht des Behälters I = 821 kg | Gewicht des Behälters II = 825 kg

Arbeitszeit je 100 kg = 13 Stdn. gegen Arbeitszeit je 100 kg = 15,5 Std.

Das Beispiel zeigt mit größter Anschaulichkeit (wobei wir unterstreichen möchten, daß die Voraussetzungen für die beiden Behälter mit Absicht fast übereinstimmend gewählt wurden) den Unterschied in der Zahl der Fertigungsstunden, und zwar ist sogar wider Erwarten der Behälter I trotz der inneren Verankerung billiger als Behälter II, wobei der Unterschied der Fertigungsstunden immerhin 20% ausmacht.

Nun wird sich der Einfluß dieses Unterschiedes je nach der Anwendung des einen oder anderen Zuschlagverfahrens natürlich verschieden auswirken. Am größten ist der Fehler, wenn einfach der erfahrungsgemäße 100 kg-Preis übernommen wird; die Unterschiede werden gemildert, wenn der Wert des Materials getrennt berechnet und mit den anteiligen Zuschlägen versehen wird, wobei dann die Fertigungskosten in der Form „Stunden je 100 kg“ verwendet und mit den zugehörigen, jetzt nicht mehr so gewichtigen Zuschlägen belastet werden.

Um die möglichste Genauigkeit bei der Preisermittlung zu erreichen, wird man sich so wenig wie möglich auf schwankende Werte stützen. Von den Einzelkosten ist das Material genau ermittelbar, die zugehörigen Gemeinkosten können also ohne Furcht vor Fehlerquellen zugeschlagen werden. Sind die Vertriebsgemeinkosten ebenfalls von den Fertigungsgemeinkosten getrennt worden, so ist die Gefahr des vollständigen Danebengreifens nicht mehr ganz so groß, denn die jetzt noch mit größerer oder geringerer Sicherheit zu ermittelnden Fertigungskosten werden mit ihren entsprechend verkleinerten Zuschlägen für den Gesamtpreis nicht mehr so ausschlaggebend sein wie bei einem Verfahren, welches alle Gemeinkosten auf die Löhne bezieht. Trotzdem ist der Einfluß dieser Kosten noch groß genug, daß von der Reduktion der Fertigungsstunden auf die Materialgewichte abgeraten werden muß.

2. Hilfstabellen für Angebotszwecke.

Es heißt nun, an die Stelle der idealen Werkstattkalkulation der Löhne etwas Gleichwertiges oder fast Gleichwertiges zu setzen, das die umfangreiche Kleinarbeit einer solchen vermeidet, aber trotzdem die möglichste Annäherung an ihre Ergebnisse gestattet. Das gelingt durch Auflösen der Kessel und Apparate in ihre Grundelemente und Aufstellung von Hilfstabellen, so also für Rümpfe, Stutzen, Dome, Mannlöcher usw.

Der Rumpf als Element für sich ist in seinen Größenverhältnissen und Formen, der Ausbildung und Anzahl seiner Nähte so vielgestaltig, daß man unmöglich eine feste Formel für die Fertigungskosten in Abhängigkeit von den Größenverhältnissen finden kann. Er muß also noch weiter zergliedert werden. Das gelingt, wenn wir uns die zur Herstellung eines Rumpfes nötigen Arbeiten auf die Nähte konzentriert denken.

In den Hilfstabellen Nr. 31, 32 ist dieser Gedanke zur Ausführung gebracht. Es sind für die verschiedenen Verbindungsarten aus den Einzeltabellen zusammengetragene Durchschnittswerte ermittelt worden. Die Rundnähte wurden jeweils komplett für einen bestimmten Durchmesser behandelt, während die Längsnähte auf den laufenden Meter bezogen sind. Auf diese Weise erst wird es möglich, jeden beliebigen Rumpf mit weit angenäherter Genauigkeit zu kalkulieren.

Gewiß ist auch bei einem solchen Verfahren mit einigen Fehlerquellen zu rechnen; so mußte bei der Reduktion der Arbeiten auf den laufenden Meter Längsnaht eine gewisse Annahme für die Schußbreiten getroffen werden, denn die Einrichte- und Nebenzeiten für einzelne Arbeitsgänge (wie Hobeln, Biegen usw.) wachsen nicht proportional den Schußbreiten, und das Stemmen der Wechsel an den Schußenden fällt natürlich je nach der Schußbreite verschieden ins Gewicht. Der Gedanke, eine Kalkulation in dieser Form auszuführen, ließe sich zu noch höherer Genauigkeit ausgestalten, wenn man die einmalig auftretenden, den Schußbreiten nicht proportionalen Zeiten getrennt verrechnet; für normale Verhältnisse jedoch wird das vorgeschlagene Verfahren zum Ziel führen. Aus den angeführten Gründen wird es sich daher empfehlen, insbesondere bei hoch beanspruchten Kesselnähten die Tabellenzeiten mit einem Zuschlag von etwa 5% zu versehen, um Nebenarbeiten, die durch die erforderliche Qualitätsleistung hervorgerufen werden, ausgleichen zu können.

Bei den Rundnähten können die erforderlichen Arbeiten eindeutig festgelegt werden; hier ist jedoch zu beachten, daß für die Vernietung normale Verhältnisse angenommen sind. Bei unzugänglichen Schlußnähten ist die Anwendung der Hilfstabelle natürlich nicht statthaft.

Die Tabellen wurden für die häufigsten Nietverbindungen, sowie für autogen, elektrisch und im Feuer geschweißte Nähte durchgerechnet. Beim Vergleich der autogenen und elektrischen Schweißung ist der bei größeren Materialstärken wesentlich ansteigende Verbrauch an Schweißgasen in Betracht zu ziehen, der das autogene Schweißen stark verteuert. Ein Vergleich der Gesamtkosten von genieteten oder nach irgendeinem Verfahren geschweißten Nähten ist eine Aufgabe für sich, die zum größten Teil mit den Angaben der vorliegenden Schrift gelöst werden kann.

Für häufiger wiederkehrende Elemente, wie Stutzen, Flanschen, Dome, Mannlöcher war es möglich, für Herstellung und fertige Anbringung vollständige Hilfstabellen aufzustellen, die eine direkte Übertragung der zusammengefaßten Zeiten in die Angebotskalkulation zulassen. Je nach der Verfeinerung in der Unterteilung der Zuschlagsätze zu den Fertigungslöhnen läßt sich jede einzelne Arbeitsart aus den Tabellen entnehmen und mit den zugehörigen Gemeinkostensätzen belasten; oder es lassen sich Gruppen für Hand-, Maschinen-, Schweißarbeit bilden, oder es kann für gröbere Rechnung die Summe der gesamten Fertigungsstunden mit einem Pauschalzuschlag belegt werden.

Tabelle 31. Längsnähte (Zeit für 1 lfd. m).

Art der Nietung	Nietdurchmesser	Blechstärke	anzeichnen	bohren	hobeln	schärfen	biegen durchschnittlich	anrichten und aufreiben	nieten	stemmen	Gesamtzeit je 1 m
	13	6—10	25	45	18	15	60	80	70	65	378 = 6,3 Std.
	16	8—12	25	48	20	18	70	95	65	70	411 = 6,9 „
	19	10—14	25	52	24	25	80	110	65	75	456 = 7,6 „
	22	12—18	25	62	28	32	90	125	70	85	517 = 8,6 „
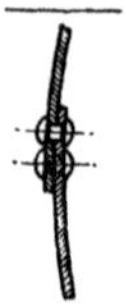	13	6—10	30	64	18	18	60	90	100	86	466 = 7,8 „
	16	8—12	30	68	20	22	70	105	92	90	497 = 8,3 „
	19	10—15	30	74	24	30	80	120	92	98	548 = 9,1 „
	22	12—18	30	84	28	38	90	140	100	105	615 = 10,3 „
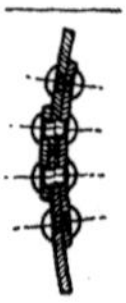	13	6—10	58	112	36	40	80	110	180	165	781 = 13 „
	16	8—12	60	135	40	50	100	125	185	185	880 = 14,7 „
	19	10—15	60	145	48	65	110	150	180	202	960 = 16 „
	22	12—18	60	165	55	80	125	180	180	210	1055 = 17,6 „
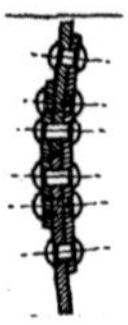	16	10—12	80	218	60	65	130	150	210	205	1118 = 18,6 „
	19	13—16	75	210	80	80	150	175	190	215	1175 = 19,6 „
	22	15—18	75	240	90	90	180	190	200	225	1290 = 21,5 „
	25	16—20	75	295	95	110	210	210	210	245	1440 = 24 „
	28	18—22	75	320	105	130	240	230	225	270	1595 = 26,6 „

Tabelle 31. Längsnähte. (Fortsetzung.)

	Blech-stärke	anzeichnen	schneiden	hobeln	biegen	schweißen	Schweiße verputzen	Gesamtzeit je 1 m	
Längsnähte autogen geschweißt je 1 m	3—4	12	10	—	50	36	7	160 = 2,7 Std.	Für ausglüh. d. Schweißnähte ist, falls erforderlich, ein entsprechender Zuschlag hinzuzunehmen
	5—6	12	12	13	60	45	8	205 = 3,5 „	
	7—8	14	14	16	65	51	9	229 = 3,8 „	
	9—10	14	18	20	70	70	10	282 = 4,7 „	
	11—13	16	22	24	75	82	12	321 = 5,3 „	
	14—16	16	28	32	80	125	15	396 = 6,6 „	
	18—20	18	34	36	90	150	18	456 = 7,6 „	
	22—25	20	40	40	100	170	22	512 = 8,5 „	

							Schweiße glätten	
Längsnähte elektrisch geschweißt je 1 m	5—6	12	12	13	60	35	12	144 = 2,4 Std.
	7—8	14	14	16	65	47	15	171 = 2,7 „
	9—10	14	18	20	70	70	18	210 = 3,5 „
	11—13	16	22	24	75	95	20	252 = 4,2 „
	14—16	16	28	32	80	135	25	316 = 5,3 „
	18—20	18	34	36	90	175	30	363 = 6,1 „
	22—25	20	40	40	100	200	35	435 = 7,3 „

	Blech-stärke	ungefährer Durch-messer	anzeichnen	hobeln	schneiden	biegen	schweißen	Gesamtzeit je 1 m
Längsnähte im Feuer geschweißt je 1 m	6—8	bis 600	12	8	12	60	470	562 = 9,4 Std.
	9—10	„ 800	14	10	14	65	520	623 = 10,4 „
	11—12	„ 1000	16	12	18	70	670	784 = 13 „
	13—14	„ 1200	18	14	22	75	750	877 = 14,6 „
	15—17	„ 1200	20	16	28	80	920	1062 = 17,7 „
	18—20	„ 1500	22	19	34	90	1080	1243 = 20,7 „
	22—25	„ 1500	25	22	40	100	1550	1717 = 28,6 „

Tabelle 32. Rundnähte (je eine komplette Naht).

Art der Nietung	Niet ∅	Blech-stärke	lichter ∅	einbauen	durch-bohren	entgraten anrichten aufreiben	nieten	stemmen	Gesamtzeit für eine Rundnaht
Einreihig überlappt	13	6—10	400	60	45	220	90	80	495 = 8,3 Std.
	16	8—12	400	70	50	260	90	85	555 = 9,3 „
	13	6—10	500	70	50	240	110	95	565 = 9,4 „
	16	8—12	500	80	55	270	105	100	600 = 10 „
	19	10—14	500	90	80	300	105	105	680 = 11,3 „

Tabelle 32. Rundnähte (je eine komplette Naht). (Fortsetzung.)

Art der Nietung	Niet ⌀	Blechstärke	lichter ⌀	einbauen	durchbohren	entgraten anrichten aufreiben	nieten	stemmen	Gesamtzeit für eine Rundnaht
Einreihig überlappt	13	6—10	600	75	60	280	135	110	660 = 11 Std.
	16	8—12	600	90	75	310	120	110	705 = 11,7 „
	19	10—14	600	100	95	370	125	120	810 = 13,5 „
	13	6—10	700	85	70	320	155	125	755 = 12,6 „
	16	8—12	700	95	85	370	145	125	820 = 13,6 „
	19	10—14	700	110	110	420	145	135	920 = 15,3 „
	13	6—10	800	90	80	370	175	135	850 = 14,2 „
	16	8—12	800	110	100	420	165	140	935 = 15,6 „
	19	10—14	800	130	130	480	165	150	1055 = 17,6 „
	13	6—10	900	95	90	420	200	150	955 = 15,9 „
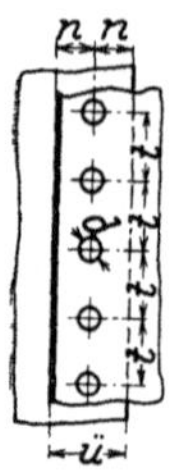	16	8—12	900	115	115	460	190	160	1040 = 17,3 „
	19	12—14	900	140	145	520	190	170	1165 = 19,4 „
	13	6—10	1000	105	100	480	220	165	1070 = 17,8 „
	16	8—12	1000	120	120	510	205	170	1125 = 18,7 „
	19	10—14	1000	150	160	560	205	180	1255 = 21 „
	22	12—16	1000	180	175	650	215	190	1410 = 23,5 „
	16	8—12	1200	125	145	500	250	235	1255 = 20,9 „
	19	10—14	1200	140	190	540	245	250	1365 = 22,7 „
	22	12—16	1200	150	190	600	240	260	1440 = 24 „
	25	14—18	1200	160	195	680	235	285	1555 = 25,9 „
	16	8—12	1500	160	180	520	315	285	1460 = 24,3 „
	19	10—14	1500	175	230	570	305	310	1590 = 26,5 „
	22	12—16	1500	190	240	630	300	320	1680 = 28 „
	25	14—18	1500	200	240	720	290	350	1800 = 30 „
	16	8—12	2000	210	240	760	420	380	2010 = 33,5 „
	19	10—14	2000	225	310	800	410	405	2150 = 35,8 „
	22	12—16	2000	240	320	840	400	425	2225 = 37 „
	25	14—18	2000	250	325	900	390	470	2335 = 38,9 „
Zweireihig überlappt	13	6—10	400	70	58	240	120	100	588 = 9,8 Std.
	16	8—12	400	80	70	280	120	110	660 = 11 „
	13	6—10	500	75	68	260	155	130	688 = 11,5 „
	16	8—12	500	85	90	290	150	140	755 = 12,6 „
	19	10—14	500	95	115	320	150	150	830 = 13,8 „
	13	6—10	600	85	80	280	185	150	780 = 13 „
	16	8—12	600	95	110	320	185	165	875 = 14,6 „
	19	10—14	600	105	142	375	185	180	985 = 16,4 „
	13	6—10	700	90	95	300	215	170	870 = 14,5 „
	16	8—12	700	100	130	350	215	195	990 = 16,5 „
	19	10—14	700	120	165	420	215	205	1125 = 18,7 „
	13	6—10	800	100	110	320	250	200	980 = 16,3 „
	16	8—12	800	120	145	400	245	220	1130 = 18,8 „
	19	10—14	800	130	190	480	245	230	1275 = 21,2 „
	13	6—10	900	105	120	370	280	220	1095 = 18,2 „
	16	8—12	900	130	162	440	275	245	1252 = 20,9 „
	19	10—14	900	150	210	500	280	260	1400 = 23,3 „

Tabelle 32. Rundnähte (je eine komplette Naht). (Fortsetzung).

Art der Nietung	Niet ⌀	Blechstärke	lichter ⌀	einbauen	durchbohren	entgraten anrichten aufreiben	nieten	stemmen	Gesamtzeit für eine Rundnaht
Zweireihig überlappt	13	6—10	1000	115	135	450	310	240	1250 = 20,8 Std.
	16	8—12	1000	140	180	480	300	270	1370 = 22,8 „
	19	10—14	1000	160	235	510	310	290	1505 = 25 „
	22	12—16	1000	190	255	540	320	310	1615 = 26,9 „
	16	8—12	1200	130	210	520	360	315	1535 = 25,6 „
	19	10—14	1200	160	280	560	370	320	1690 = 28,2 „
	22	12—16	1200	180	290	650	385	360	1865 = 31,1 „
	25	14—18	1200	210	300	700	400	395	2005 = 33,4 „
	16	8—12	1500	160	270	630	450	395	1905 = 31,7 „
	19	10—14	1500	180	350	680	460	425	2095 = 34,9 „
	22	12—16	1500	200	360	720	480	455	2215 = 36,9 „
	25	14—18	1500	230	340	840	450	450	2310 = 38,5 „
	16	8—12	2000	200	350	850	600	500	2500 = 41,7 „
	19	10—14	2000	240	450	880	600	550	2720 = 45,3 „
	22	12—16	2000	260	485	920	650	610	2925 = 48,7 „
	25	14—18	2000	290	450	100	600	600	2940 = 49 „

		Rundnaht autogen geschweißt				Rundnaht elektr. geschweißt			
Lichter ⌀	Blechstärke	hobeln	heften und schweißen	verputzen	Gesamtzeit für eine Rundnaht	hobeln	heften und schweißen	verputzen	Gesamtzeit für eine Rundnaht
200	3—4	—	28	5	32 = 0,5 Std.	—	—	—	—
300	3—4	—	40	8	48 = 0,8 „	—	—	—	—
400	3—4	—	55	10	65 = 1,1 „	—	—	—	—
400	5—6	16	74	13	103 = 1,7 „	16	58	20	94 = 1,6 Std.
500	5—6	20	90	16	126 = 2,1 „	20	72	24	116 = 1,9 „
600	5—6	24	108	19	151 = 2,5 „	24	85	28	137 = 2,3 „
700	5—6	28	125	22	175 = 2,9 „	28	100	33	161 = 2,7 „
600	7—8	30	120	24	174 = 2,9 „	30	104	38	172 = 2,8 „
800	7—8	40	164	30	234 = 3,9 „	40	143	52	235 = 3,9 „
1000	7—8	50	200	38	288 = 4,8 „	50	176	64	290 = 4,8 „
1200	7—8	60	240	45	345 = 5,7 „	60	210	76	346 = 5,8 „
600	9—10	36	155	30	221 = 3,7 „	36	146	47	229 = 3,8 „
800	9—10	50	210	38	298 = 5 „	50	200	65	315 = 5,2 „
1000	9—10	60	260	48	368 = 6,1 „	60	246	80	386 = 6,4 „
1200	9—10	72	310	55	435 = 7,2 „	72	292	95	459 = 7,6 „
1500	9—10	90	390	70	550 = 9,1 „	90	370	120	580 = 9,6 „
800	11—13	62	245	50	357 = 5,9 „	62	273	78	413 = 6,9 „
1000	11—13	76	300	58	434 = 7,2 „	76	336	96	508 = 8,5 „
1200	11—13	90	360	68	518 = 8,6 „	90	400	114	604 = 10 „
1500	11—13	115	450	86	651 = 10,8 „	115	504	144	763 = 12,7 „
2000	11—13	150	590	110	850 = 14,1 „	150	660	190	1000 = 16,6 „
1000	14—16	90	430	64	584 = 9,4 „	90	464	128	682 = 11,3 „
1200	14—16	106	510	76	692 = 11,2 „	106	550	152	808 = 13,4 „
1500	14—16	134	650	96	880 = 14,6 „	134	696	192	1022 = 17 „
2500	14—16	176	850	126	1152 = 19,2 „	176	912	252	1340 = 22,3 „

Tabelle 33. Schmiedeeiserne Stutzen komplett anfertigen und anbringen.

lichter Ø der Stutzen	Höhe der Stutzen	Anzahl der Nietlöcher	Ø der Nietlöcher	anfertigen der kompletten Stutzen	Krempe anzeichnen	Krempe bohren	Stutzen am Apparat anzeichnen	Stutzen am Apparat anbohren	Loch ausbrennen	Loch schräg hauen	Stutzen anschrauben, anricht. u. aufreib.	Stutzen annieten	Stutzen stemmen	Gesamtzeit für das kompl. Anfertigen und Anbringen eines schmiedeeis. Stut. Minuten	Stunden
50	200	12	17	860	10	18	18	45	10	20	50	60	65	1156	19,3
50	300	13	17	890	10	20	20	45	10	20	50	65	70	1200	20
50	400	14	17	920	12	20	20	50	10	20	50	70	75	1257	21
80	200	14	17	920	12	20	20	50	10	25	60	70	75	1262	21
80	300	15	17	950	14	22	20	55	10	25	60	75	80	1301	21,7
80	400	16	17	980	14	24	20	55	10	25	60	80	85	1353	22,5
100	200	14	20	995	14	24	25	60	10	30	75	85	95	1413	23,5
100	300	15	20	1030	14	24	25	60	10	30	75	90	100	1458	24,3
100	400	16	20	1060	16	26	25	60	10	35	75	95	110	1522	25,4
150	200	16	20	1125	16	26	30	65	15	40	90	95	110	1602	26,6
150	300	17	20	1160	18	28	30	70	15	40	90	100	120	1671	27,8
150	400	18	20	1200	18	30	30	70	15	45	90	110	130	1738	29
200	200	20	20	1275	20	34	35	80	15	50	100	120	140	1869	31,1
200	300	21	20	1315	20	36	35	80	15	50	100	125	145	1921	32
200	400	22	20	1360	20	38	35	90	15	55	100	130	155	1998	33,3
250	200	25	20	1455	25	42	40	100	20	60	110	150	175	2177	36,3
250	300	26	20	1500	25	44	40	100	20	60	110	155	180	2234	37,2
250	400	28	20	1550	25	46	40	110	20	65	110	165	195	2316	38,6
300	200	30	20	1650	30	50	50	120	25	70	120	180	210	2505	41,7
300	300	31	20	1700	30	52	50	120	25	70	120	185	215	2567	42,8
300	400	32	20	1750	30	55	50	130	25	75	120	190	225	2650	44,1

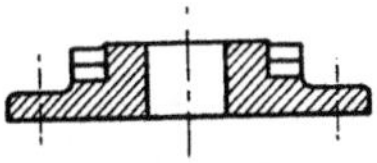

Tabelle 34. Gußstutzen mit Stemmscheiben bohren und komplett anbringen.

lichter Ø der Stutzen	Flanschstärke der Stutzen	Anzahl der Nietlöcher	Ø der Nietlöcher	Nietlöcher anzeichnen	Nietlöcher bohren	Stemmscheibe anfertigen	Stutzen am Apparat anzeichnen	Stutzen am Apparat anbohren	Loch am Apparat ausbrennen	Loch am Apparat behauen	Stutzen anschrauben und aufreiben	Stutzen annieten	Stutzen stemmen	Gesamtzeit für das Bohren, Anbohren, Anzeichnen und Stemmen eines Gußstutzens Min.	Std.
20	25	8	17	8	16	15	12	30	10	10	50	60	72	283	4,7
25	25	10	17	8	20	15	12	38	10	10	60	75	90	338	5,6
30	25	11	17	9	22	15	15	42	10	15	70	82	100	370	6,2
40	28	12	17	10	25	15	15	45	10	15	75	90	105	405	6,7
50	28	13	17	10	28	20	18	50	10	15	80	100	115	446	7,4
60	28	14	17	12	30	20	18	55	10	20	90	105	125	485	8,1
70	30	14	17	12	32	20	20	55	10	20	95	105	125	494	8,2
80	30	15	17	13	34	20	20	60	10	25	100	110	135	527	8,8
100	30	16	20	15	40	25	25	65	15	30	110	135	165	645	10,7
125	32	18	20	17	45	25	25	70	15	35	120	150	185	687	11,5
150	32	19	20	19	48	25	30	75	15	40	125	160	200	737	12,3
175	32	20	20	20	50	25	30	80	15	45	130	170	210	775	12,9
200	32	22	20	22	55	30	35	85	20	50	140	185	230	852	14,2
225	32	24	20	24	60	30	40	90	20	55	150	200	250	919	15,3
250	32	26	20	26	65	35	45	100	20	60	155	220	270	996	16,6
275	32	28	20	28	70	35	50	110	20	70	160	235	295	1073	17,9
300	35	30	23	35	82	40	60	140	25	75	165	300	360	1282	21,4
350	35	33	23	38	92	45	65	150	25	85	170	330	385	1385	23,1
400	35	36	23	40	98	50	70	170	30	100	180	350	420	1508	25,1
500	35	40	23	45	110	60	80	190	40	120	220	400	480	1745	29,1

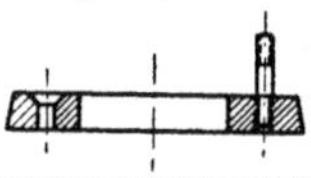

Tabelle 35. Anfertigen und Anbringen von Flanschen.

l. Ø	äußerer Ø	gerade richten	ausbrennen	drehen	anzeichnen	bohren und versenken	am Apparat anzeichnen	anbohren	anschrauben und aufnieten	annieten	stemmen	Mittelloch im Kern bohren	Gewinde schneiden und Stiftschrauben einzeichnen	Gesamt Min.	Std.
20	90	6	5	35	8	25	10	16	20	30	35	5	45	230	3,8
25	100	6	5	35	8	25	10	16	20	30	35	5	45	230	3,8
32	120	6	5	40	8	25	10	16	20	30	40	5	45	250	4,1
40	130	10	7	40	8	30	10	16	25	30	40	5	45	266	4,4
50	140	10	7	45	8	30	10	16	25	35	45	6	45	282	4,7
60	150	10	8	50	10	30	10	16	25	35	45	6	45	290	4,8
70	160	10	8	55	10	30	10	16	30	35	50	7	45	306	5,1
80	190	15	10	55	10	30	10	16	30	35	50	7	45	313	5,2
90	200	15	10	60	10	40	15	32	40	60	60	8	80	430	7,1
100	220	15	10	65	15	40	15	32	40	60	60	6 } ausbrennen	80	438	7,3
125	240	20	12	70	15	40	15	32	50	60	60	6	80	460	7,7
150	265	20	12	75	15	40	15	32	50	70	70	8	80	477	8
175	300	25	15	80	15	40	15	32	60	70	70	8	80	510	8,5
200	320	25	15	85	15	40	15	32	60	70	70	8	80	515	8,6

Tabelle 36. Dome komplett anfertigen und am Kessel anbringen.

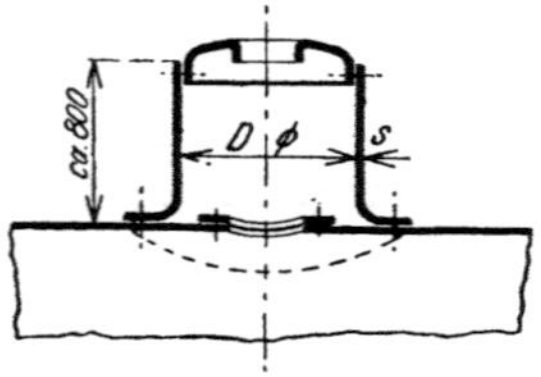

Längsnaht: Feuergeschweißt. Bodennaht: einreihig, Niet ⌀ = 19 × ~ 50 Teilung. Krempe: einreihig, Niet ⌀ = 19 × ~ 50 Teilg. Krempe: zweireihig, Niet ⌀ = 19 × 72 Teilung.

D ⌀	Blechstärke S	Mantelblech anzeichnen	Mantelblech schneiden	Mantelblech brennen	Mantelblech bohren	Mantelblech hobeln	Mantel biegen	Längsnaht schweißen	Krempe bördeln einreihig	Krempe bördeln zweireihig	Krempe anzeich. einreihig	Krempe anzeich. zweireihig	Krempe bohren einreihig	Krempe bohren zweireihig
600	10—12	90	30	22	40	36	90	560	400	570	45	75	70	120
650	10—12	100	35	25	46	37	90	560	440	640	50	80	85	130
700	12—14	110	40	27	52	38	90	600	480	700	55	85	95	135
750	12—14	115	44	29	56	40	90	600	520	750	60	90	100	140
800	12—14	120	48	30	60	42	90	650	560	800	65	95	110	150
850	12—14	125	52	32	64	44	100	650	590	850	70	95	115	155
900	12—16	130	55	34	68	46	100	720	620	900	75	100	125	165
950	12—16	135	60	36	70	48	100	720	660	950	80	105	130	175
1000	12—16	140	65	38	74	50	100	720	700	1000	90	110	140	185

D ⌀	Blechstärke S	Boden anzeichnen	Boden einbauen zum Bohren	Boden einbohren	Boden anrichten und aufreiben	Boden einnieten	Boden stemmen	Dome am Kessel anzeichnen	Dome am Kessel anbohren einreihig	Dome am Kessel anbohren zweireihig	Dome annieten einreihig	Dome annieten zweireihig	Dome am Kessel stemmen einreihig	Dome am Kessel stemmen zweireihig	Krempe behauen	Dom am Kessel anschrauben, anrichten und aufreiben
600	10—12	12	100	60	300	130	180	105	98	150	220	360	260	420	60	450
650	10—12	12	100	70	320	145	210	115	105	160	260	400	300	470	65	475
700	12—14	15	110	85	350	160	240	125	120	175	300	440	360	520	70	500
750	12—14	15	110	90	375	175	255	135	130	180	330	460	390	540	80	525
800	12—14	15	120	100	400	190	270	145	140	190	360	480	420	570	90	550
850	12—14	15	130	110	440	205	285	150	150	200	380	520	450	600	95	575
900	12—16	20	135	115	470	220	300	160	160	210	400	540	480	650	100	600
950	12—16	20	140	120	500	230	315	170	170	220	420	560	510	675	105	630
1000	12—16	20	150	125	550	240	330	180	180	230	450	580	540	700	110	660

Tabelle 36. Dome komplett anfertigen und am Kessel anbringen. (Fortsetzung.)

D ∅	Domverstärkungsring								
	aus ⌀-Eisen	biegen und schweißen	nach Kesselrad. biegen	anzeichnen	bohren	anbohren	anrichten und aufreiben	annieten	Loch ausbrennen
600	80×12	120	40	10	20	35	90	55	15
650	80×12	120	40	10	20	35	90	55	15
700	80×12	120	40	10	20	35	90	55	15
750	80×12	120	40	10	20	35	90	55	15
800	90×15	150	45	12	24	40	100	60	20
850	90×15	150	45	12	24	40	100	60	20
900	90×15	150	45	12	24	40	100	60	20
950	100×20	180	50	15	32	50	120	70	20
1000	100×20	180	50	15	32	50	120	70	20

Gesamtzeit für Anfertigen und Anbringen eines kompletten Domes.

	D ∅ des Domes									
	600	650	700	750	800	850	900	950	1000	
Krempe mit einfacher Naht	3723 = 62	4030 = 67	4405 = 73	4649 = 77	5026 = 84	5278 = 88	5584 = 93	5906 = 98	6189 = 103	Min. Std.
Krempe mit doppelter Naht	4325 = 72	4670 = 78	5052 = 84	5279 = 88	5656 = 94	5943 = 99	6289 = 104	6596 = 110	6891 = 115	Min. Std.

Tabelle 37. Mannlochdeckel 320—420 l. ∅

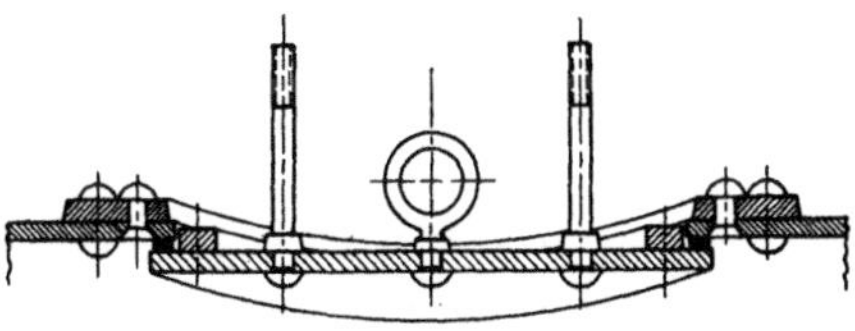

Abb. 21.

komplett anfertigen inklusive Verstärkungsring und komplettes Anbringen und Einpassen am Kessel.

1 Mannlochblech, 370 × 470 × 16—18 mm

	anzeichnen	12 Min.
	schneiden 1,2 m je 14 + 7 . .	23 „
	gerade richten	14 „
1 Führungsring, 320 × 420 äuß. ∅, aus ⌀ 30 × 20, biegen und schweißen		85 „
		134 Min.

Tabelle 37. Mannlochdeckel 320—420 l. ⌀. (Fortsetzung.)

Übertrag:	134 Min.	
1 Blech und 1 Führungsring anzeichnen, bohren, 2 Löcher 24 ⌀ je 2 Min., 1 Loch 19 ⌀ 1,5 Min., 12 Löcher 14 ⌀ je 2,1 Min.	18 „	
versenken 12 Löcher je 0,5 Min., 3 Löcher je 1,5	12 „	
1 Handgriff, 2 Schrauben, 2 Bügel vom Lager entnehmen	—	
1 Deckel zusammenschrauben, bearbeiten, nieten und stemmen	120 „	zus. 5 Std.
1 Verstärkungsring, 335 × 435 l. ⌀ aus ⌀ 90 × 18		
biegen und schweißen	180 Min.	
anzeichnen	12 „	
bohren, 12 Löcher je 1,5 Min.	36 „	
behauen, 3 m je 35 Min.	105 „	zus. 5,5 Std.
1 Mannloch am Mantel anzeichnen, 24 Löcher, % 175 Min. + 2 m je 4 Min.	50	
1 Mannloch am Mantel anbohren, 24 Löcher, 21 ⌀, je 4 Min. + 12 Löcher innen versenken je 2,5 Min.	126 „	
1 Mannloch am Mantel Loch ausbrennen, 1,2 m je 15	18 „	
1 Verstärkungsring anschrauben, anrichten und aufreiben	110 „	
1 Verstärkungsring annieten, 12 Nieten je 3 Min. + 12 Nieten je 4,5 Min.	90 „	
1 Verstärkungsring stemmen, 24 Nieten je 2,2 Min. + 3 m Naht je 12 Min.	89 „	zus. 8 Std.
1 Deckel komplett einpassen und 2 Bügel anpassen	90 Min.	= 1,5 Std.
Zusammen	1190 Min.	∼ 20 Std.

1 Mannlochdeckel komplett anfertigen	5 Std.
1 Verstärkungsring komplett anfertigen	5,5 „
1 Deckel mit Ring komplett anbringen, 8 + 1,5 Std. . . .	9,5 „
zusammen	20 Std.

Für einen gebogenen Mannlochdeckel kommt hinzu:

1 Deckelblech biegen	45 Min.	= 120 Min. = 2 Std.
1 Führungsring biegen	20 „	
1 Verstärkungsring biegen	55 „	

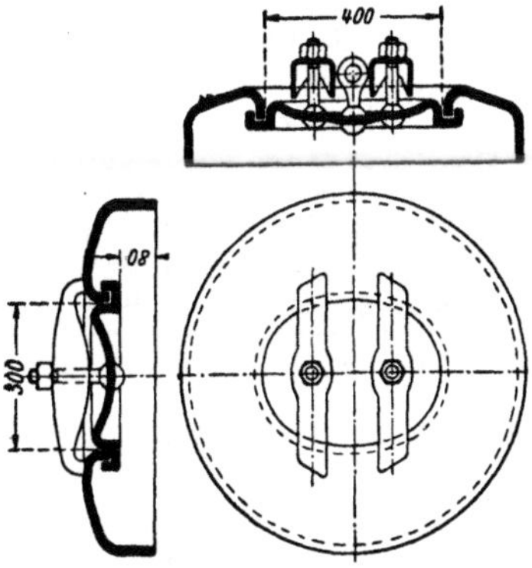

Abb. 22. (Entnommen aus Dubbel, Taschenbuch für den Maschinenbau, Verlag J. Springer.)

Fertigstellen und Anbringen von gepreßten Mannlochdeckeln

Anzeichnen	8 Min.
Deckel und Bügel bohren und versenken . .	20 „
2 Schrauben u. 1 Handgriff einnieten u. stemmen	55 „
Mannlochdeckel komplett anbringen	85 „
	168 Min. = 2,8 Std.

In welcher gedrängten Form sich mit Hilfe der vorstehenden Tabellen eine Angebotskalkulation erledigen läßt, sei an dem Zweiflammrohrkessel gezeigt, der auf S. 81 ff. für die Werkstatt durchkalkuliert wurde. Für die Aufstellung der Kalkulation wurde der Vordruck auf Tafel I und II (Anhang) benutzt.

Ein Vergleich der Gesamtsumme der Zeiten von Werkstatt- und Angebotskalkulation zeigt eine befriedigende Übereinstimmung.

Bei den Nähten wurde auf die Zeiten ein Zuschlag von 5% gelegt; wir verweisen diesbezüglich auf S. 109.

Mit den Hilfstabellen nicht zu erfassen war vor allem die Innenstemmung des Kessels, sodann der Einbau der Wellrohre und des Vorderbodens; für diese Teile war eine normale Kalkulation erforderlich, deren Zeiten summarisch beigetragen wurden.

Der auch bei Werkstattkalkulationen normale Zuschlag für Unvorhergesehenes tritt hier wieder auf; vorsichtigerweise wird man bei Angeboten den Prozentsatz etwas höher wählen.

22. Beispiel. Angebotskalkulation für einen Zweiflammrohrkessel 2200⌀, 11000 zyl. Länge (vgl. die Werkstattkalkulation S. 81).

Stückliste.

Teil Nr.	Stück	Gegenstand und Abmessungen	Werkstoff	Gewicht kg einzeln roh	Gewicht kg einzeln fertig	Gewicht kg gesamt fertig	Preis der Einheit	Preis gesamt	Bemerkungen
	3	Mantelbleche 6950 × 2180 × 16	St 34. 21						bestellt
	2	Mantelbleche 6880 × 2180 × 16	St 34. 21						bestellt
	5	Außenlaschen	St 34. 21						bestellt
	5	Innenlaschen	St 34. 21						bestellt
	1	Gewölbter Hinterboden 2200⌀ × 18 mit ausgehalsten Flammrohrlöch.	St 34. 21						bestellt
	1	Gewölbter Vorderboden 2200⌀ × 18 mit ausgehalsten Flammrohrlöch. u. eingepreßt. Mannloch	St 34. 21						bestellt
	1500	Nieten 25⌀, 75 u. 90 lg. .	St 34. 13						v. Lager
	6	Wellrohrschüsse 800/900⌀ × 10	St 34. 21						bestellt
	400	Nieten 19⌀ × 55	St 34. 13						v. Lager
	4	Stutzenbleche 700 × 350 × 14	St 34. 21						v. Lager
	4	Flanschen 250⌀ × 30, aus Blech auszubrennen . .	St 37. 21						v. Lager
	2	Wasserstandsflanschen 220⌀ × 30 auszubrenn.	St 37. 21						v. Lager
	2	Gepreßte Mannlochdeckel mit Bügeln	St 34. 21						bestellt
	4	Mannlochbolzen	St 34. 13						v. Lager
	2	Mannlochgriffe	St 34. 13						v. Lager
	1	Dommantel 2550 × 1000 × 11	St 34. 21						bestellt
	1	Domboden m. gepreßtem Mannloch 800⌀ × 13 .	St 34. 21						bestellt
	50	Nieten 19⌀ × 30	St 34. 13						v. Lager
	70	Nieten 19⌀ × 60	St 34. 13						v. Lager
	1	Verstärkungsring aus ⍁90 × 20, 1700 lg.	St 34. 21						v. Lager
	1	Kesselschild	Mess.						v. Lager
	2	Wasserstandsmarken . . .	Mess.						v. Lager

Kalkulation der Fertigungszeiten.

Teil Nr.	Gegenstand	Arbeits-Vorgang	Zeit in Stunden: Hand-arbeit	Maschinen-arbeit	Schweiß-arbeit	Hilfs-arbeit
	Mantel	5 Längsnähte = zus. 11 m Doppellasche Tab. 31 . (einschl. 5% Zuschlag)	117	131		
		5 Rundnähte zweireihig überlappt Tab. 32. . . (einschl. 5% Zuschlag)	180	108		
	Wellrohre	4 Rundnähte einreihig überlappt Tab. 32 . . (einschl. 5% Zuschlag)	52	24		
	1 Dom 800 ⌀	Krempe, zweireihig anfertigen, anbringen, Tab. 36	43	40	11	
	4 schm.eis. Stutzen 100 l. ⌀	komplett anfertigen, anbringen Tab. 33	64	33		
	2 Flanschen 90 l. ⌀	komplett anfertigen, anbringen Tab. 35	5	9		
	2 Mannlochdeckel	nieten, stemmen, einpassen Tab. 37	4	1,6		
	2 Wellrohre, 1 Vorderboden	einziehen und ausrichten . .	22			
	4 Wellrohre	4 Enden durchbohren, anrichten, aufreiben, nieten, stemmen	56	46		
	1 Vorderboden	anrichten, aufreiben, nieten, stemmen.	37	26		
	3 Schilder	anbringen	2	1		
	1 kompl. Kessel	innen stemmen, 1500 Niet. je 1,4 + 68 m Naht je 12 . .	48,6			
	1 kompl. Kessel	füllen, probieren, entleeren, anstreichen, verladen	30			
		Transporte und Unvorhergesehenes, etwa 8%				83,8
			660,6	419,6	11,0	83,8

Gesamtsumme: 1175 Std.

V. Geschäftsgang der Vorkalkulation.

Das Zusammenarbeiten der einzelnen Werkabteilungen bei Abgabe von Angeboten und Ausführung von Aufträgen kann sich wie folgt abspielen:

1. Angebotsabgabe.

Die vom Kunden einlangende Anfrage wird in der Angebotsstelle des kaufmännischen Büros registriert und an die technische Abteilung weitergegeben. Dort wird Entwurfszeichnung und Stückliste angefertigt; diese wird zweckmäßig in ein Angebotsformular (vgl. Anhang, Tafel 1 u. 2) unter Ausrechnung aller Gewichte eingetragen. Zeichnung und Formular (mit zwei Durchschriften) geht weiter an die Vorkalkulation zur Eintragung der Fertigungsstunden; von dort aus wird es der kaufmännischen Angebotsstelle zur Abrechnung vorgelegt, worauf das Angebot abgegeben werden kann.

Das Original der Kalkulation wird im kaufmännischen Büro aufbewahrt, technisches Büro und Vorkalkulation erhalten je eine Durchschrift. Die Ablage kann nach den Angebots- bzw. Kalkulationsnummern oder nach Sachgebieten erfolgen.

2. Werkstattvorkalkulation.

Den Ausgangspunkt für die Werkstattkalkulation bildet Werkstattzeichnung und Stückliste, die vom technischen Büro an die Arbeitsvorbereitung gelangen. Unter Benutzung eines zweckmäßigen Formulares (vgl. z. B. die Vordrucke bei den Kalkulationsbeispielen S. 83) verzeichnet der Kalkulator jeden Einzelvorgang der Herstellung, worauf die zusammengehörigen Arbeitszeiten zu Akkorden vereinigt und auf Arbeitszettel übertragen werden. Mit diesen Arbeitszetteln erhält die Werkstatt einen Durchschlag der Kalkulation (und eventuell einen Fertigungsplan), um jederzeit über die vom Kalkulator angenommene Arbeitsweise unterrichtet zu sein. Nach- oder Mehrarbeiten, die in der Kalkulation nicht vorgesehen sind, müssen streng getrennt behandelt werden und bedürfen der Genehmigung der Betriebsleitung.

Alle Arbeitszettel müssen vor Weitergabe an das Lohnbüro im Vorkalkulationsbüro geprüft werden. Nach Abrechnung des vollständigen Auftrages wird der Kalkulator die tatsächlich verfahrenen Zeiten den vorkalkulierten Stunden gegenüberstellen, um für seine späteren Kalkulationen Schlüsse ziehen zu können.

VI. Literaturnachweis.

Refa-Blätter für spanabhebende Formung. Beuth-Verlag, Berlin.

Selbstkostenrechnung (Vorrechnung und Preiskalkulation) im Maschibau. VDMA (Verein Deutscher Maschinenbauanstalten).

Selbstkostennachrechnung und Buchhaltung in Maschinenfabriken. VDMA.

Spalckhaver-Schneiders-Rüster: Die Dampfkessel. Julius Springer, Berlin.

Dorl, A.: Vorzeichnen. Werkstattbücher Nr 38. Julius Springer, Berlin.

Schimpke, Paul: Die neueren Schweißverfahrens. Werkstattbücher Nr 13. Julius Springer, Berlin.

Betriebshütte, Taschenbuch für Betriebsingenieure. Verlag W. Ernst & Sohn, Berlin.

Gottwein, K.: Schlosserei- und Montage-Arbeitszeitermittlung. Julius Springer, Berlin.

...... Stück { .... Kessel / .... Apparat / .... } von ......qm Heizfläche, ... atü

Durchmesser
Zylindr. Länge
Ganze Länge

ZNr.

Anfrage Nr.

Angebots-Nr.

Angefragt am ....

durch ....

in ....

voraussichtl. Konstruktionszeit .... Wochen

voraussichtl. Fertigungsdauer .... Wochen

Gesamtdauer für Auftrags-erledigung .... Wochen

Angebots-vorschriften

mit / ohne Montage

Abgabe nötig bis ....

Lieferung frei .... fob, cif

Verpackung einschließl. / ausschließl. | gewöhnl. / seemäßig

Stückliste

Teil Nr.	Stück	Gegenstand und Abmessungen	Werkstoff	Gewicht kg einzeln roh	Gewicht kg einzeln fertig	Gewicht kg gesamt fertig	Preis der Einheit RM.	Preis der Einheit Rpf.	Preis gesamt RM.	Preis gesamt Rpf.	Bemerkungen
		Angebotsgewicht kg					RM.				Werkstoffkosten

Formular für Angebotszwecke
1. Seite

Modellkosten

Teil	Gegenstand	Holz RM.	übersetzte Löhne RM.
	Sa.		

Modellkosten gesamt RM.

Zusammenstellung	RM.
A Werkstoffgesamtkosten	
B Fertigungsgesamtkosten	
C Vertriebskosten	
D Gewinnzuschlag	
E Verpackung	
F Beförderung ab Werk	

Angebotssumme RM.

Bindefrist .... Wochen

Erledigungsvermerke

Abt.							
Dat.	Zeich.	Dat.	Zeich.	Dat.	Zeich.	Dat.	Zeich.

Angebotsformular.

Tafel II.

Kalkulation der Fertigungsstunden

Teil Nr.	Gegenstand	Arbeits-Vorgang	Zeit in Stunden: Hand-arbeiter	Masch.-arbeiter	Schwei-ßer	Hilfs-arbeiter
		Summa Std.				
		Barlöhne. RM.				
		Fertigungs-Zuschlag RM.				

Abrechnung

Abrechnung	Teil-kosten	Ge-samt-kosten
Werkstoffkosten .... Übertrag		
Werkstoffzuschlag ......%.....		
Fracht für Anlieferung		
A. Werkstoff-Gesamtkosten		
Fertigungslöhne einschließlich Zuschläge .... Übertrag		
Modellkostenanteil.. Übertrag		
besondere Werkzeuge, Vorrichtungen, Gesenke		
amtl. Druckprobe, Bauprüfg.		
Konstruktionskosten		
B. Fertigungs-Gesamtkosten		
Herstellungskosten (A+B)		
Vertriebsgemeinkosten ......% von A+B		
Lizenz- und Patentgebühren..		
Verbandsabgaben		
Provisionen		
Verladung im Werk		
C. Vertriebs-Gesamtkosten		
Summe (A+B+C)		
D. Gewinnzuschlag ...% v. (A+B+C)		
Verkaufspreis ab Werk (A+B+C+D)		
E. Verpackungskosten		
Wagengestellung, Landfracht .		
Seefracht, Hafengebühren		
Anfuhr zur Baustelle.........		
Versicherung		
Zoll.........................		
Zuschlag für Gemeinkosten ..		
F. Summe der Beförderungskosten .		

Graphischer Fertigungsplan.

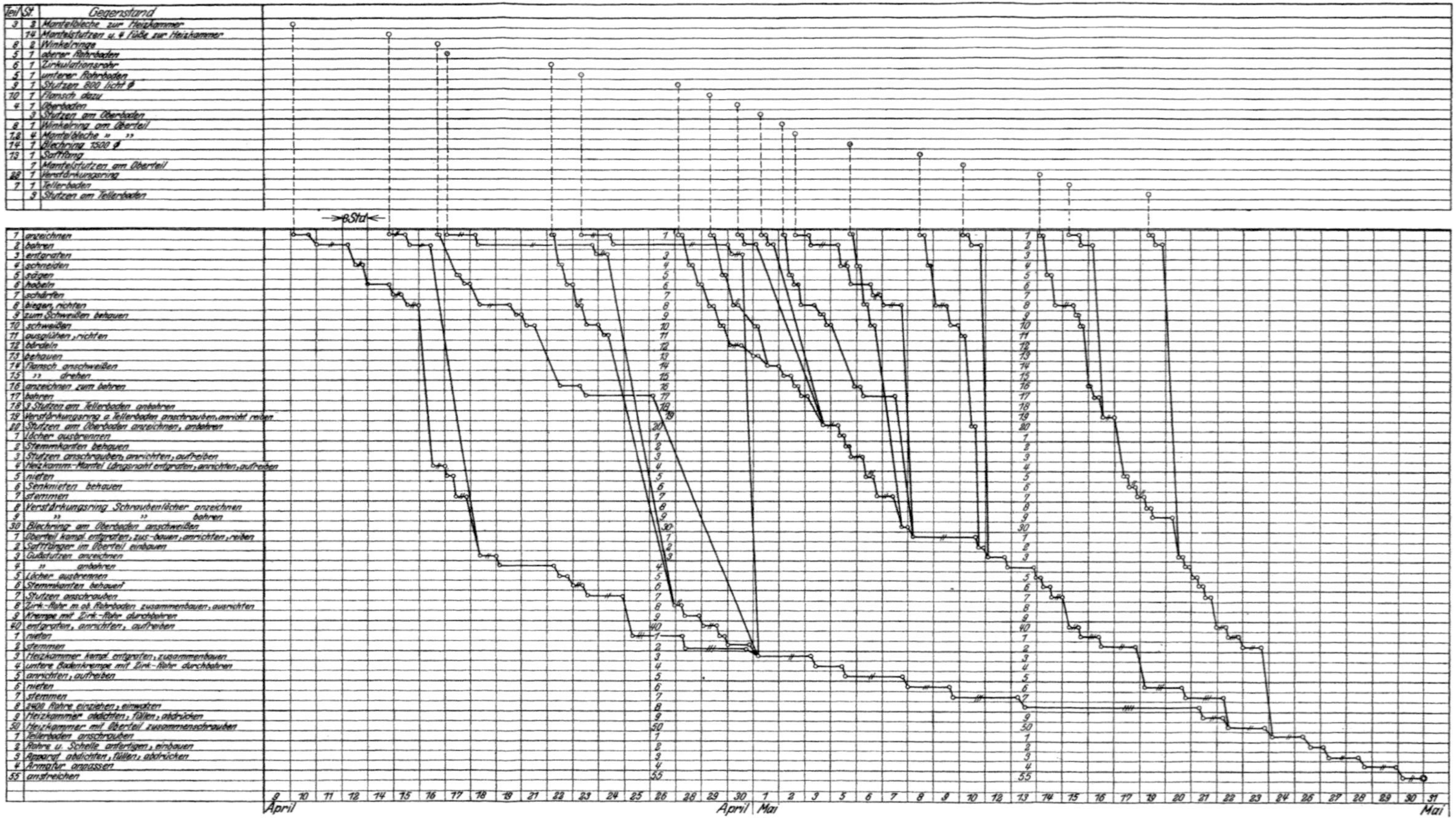

Turek-Ulbricht, Vorkalkulation.

Verlag von Julius Springer, Berlin.

Lehrbuch der zeitgemäßen Vorkalkulation im Maschinenbau. Von Ingenieur **Friedrich Kresta,** Beratendem Ingenieur, Wien. Unter Mitarbeit von **Theodor Käch,** Oberingenieur und Betriebsleiter, Ravensburg, Württemberg. Zweite, umgearbeitete Auflage. Mit 132 Abbildungen, 116 Tabellen und 7 logarithmischen Tafeln. IX, 294 Seiten. 1928. Gebunden RM 22.—

Lehrbuch der Vorkalkulation von Bearbeitungszeiten. Von Direktor **Kurt Hegner,** Berlin. Erster Band: Systematische Einführung. Zweite, verbesserte Auflage. (Schriften der Arbeitsgemeinschaft Deutscher Betriebsingenieure, Band II.) Mit 107 Bildern. XII, 188 Seiten. 1927. Gebunden RM 15.—

Neuzeitliche Vorkalkulation im Maschinenbau. Von **Fr. Hellmuth,** Techn. Chefkalkulator, Zürich und **Fr. Wernli,** Betriebsingenieur, Baden. Mit 128 Abbildungen im Text und zahlreichen Tabellen. V, 219 Seiten. 1924. Gebunden RM 11.—

Die Kalkulation in Maschinen- und Metallwarenfabriken. Von Ingenieur Oberlehrer **Ernst Pieschel,** Dresden. Zweite, vermehrte und verbesserte Auflage. Mit 214 Figuren und 27 Musterformularen. VIII, 258 Seiten. 1920. Gebunden RM 6.70

Moderne Zeitkalkulation. Aus der Praxis des allgemeinen Maschinenbaues. Bearbeitet von **Otto Auerswald,** Vorkalkulator. Mit 69 Abbildungen im Text und 42 Tabellen. VIII, 126 Seiten. 1927. RM 6.—; gebunden RM 7.50

Kalkulationstabellen zur Bestimmung von Stückzeiten für Handschmiedeformung. Von **Bernhard Preuß,** Technischer Kalkulator. V, 73 Seiten. 1929. RM 7.—

Richtige Akkorde. Zugleich ein praktischer Weg zur Rationalisierung der Fertigung besonders im Maschinenbau. Von Dr.-Ing. **G. Peiseler.** Mit 64 Textabbildungen. VII, 157 Seiten. 1929. RM 9.—; gebunden RM 10.50

Anwendungen der mathematischen Statistik auf Probleme der Massenfabrikation. Von Professor Dr. **R. Becker,** Dr. **H. Plaut** und Dr. **I. Runge.** Mit 24 Abbildungen im Text. VI, 119 Seiten. 1927. Berichtigter Manuldruck 1930. RM 12.—

GPSR Compliance

The European Union's (EU) General Product Safety Regulation (GPSR) is a set of rules that requires consumer products to be safe and our obligations to ensure this.

If you have any concerns about our products, you can contact us on ProductSafety@springernature.com

In case Publisher is established outside the EU, the EU authorized representative is:

Springer Nature Customer Service Center GmbH
Europaplatz 3
69115 Heidelberg, Germany

Batch number: 10682427

Printed by Printforce, the Netherlands